谁种谁赚钱·设施蔬菜技术丛书

设施蔬菜安全用药

常有宏　余文贵　陈　新　主　编
肖留斌　林　玲　谭永安　等　编　著

中国农业出版社

编著者

肖留斌　林　玲
谭永安　邓　晟
张　昕

出版者的话

我国农民历来有一个习惯，不论政府是否号召，家家户户都要种菜。

在人民公社化时期，即使土地是集体的，政府也划给一家一户几分“自留地”种菜。白天，农民在集体的土地上种粮，到了收工的时候，不管天黑，也不顾饥肠辘辘，一放下工具就径直奔向自留地，侍弄自家的菜园。因为，种菜不仅可以满足一家人一年的生活，胆大的人还可以将剩余的菜“冒险”拿到市场上换钱。

实行分田到户后，伴随粮食的富余，种菜的农民越来越多。因为城里人对蔬菜种类和数量的需求日益增长，商品经济越来越活跃，使农民直接看到了种菜比种粮赚钱。

近一二十年来，市场越来越开放，农业生产分工越来越细，种菜的农民也越来越专业，他们不仅在露地大面积种菜，还建造塑料大棚、日光温室，甚至蔬菜工厂等，从事设施蔬菜生产。因为，在设施内种菜，可以不受季节限制，不仅一年四季都有新鲜菜上市，也为菜农增加了成倍的收入。

巨大的商机不仅让农民获得了实惠，也使政府找到了“抓手”。继“菜篮子工程”之后，近年来，各地政府又不断加大了对设施蔬菜的资金补贴，据2010年12月国家发展和改革委员会统计：北京市按中高档温室每亩1.5万元、简易温室1万元、钢架大棚0.4万元进行补贴；江苏省紧急安排1亿元蔬菜生产补贴，扩大冬种和设施蔬菜种植面积；陕西省安排补贴资金2.5亿元，其中对日光温室每亩补贴1 200元，设施大棚每亩补贴750元；宁夏对中部干旱和南部山区日光温室、大中拱棚、小拱棚建设每亩分别补贴3 000元、1 000元和200元……使设施蔬菜的发展势头迅猛。截止到2010年，我国设施蔬菜用20%的菜地面积，提供了40%的蔬菜产量和60%的产值（张志斌，2010）！

万事俱备，只欠东风。目前，各地菜农不缺资金、不愁市场，缺的是技术。在设施内种菜与露地不同，由于是人造环境，温、光、水、气、肥等条件需要人为调节和掌控，茬口安排、品种的生育特性要满足常年生产和市场供给的需要，病虫害和杂草的防控需要采用特殊的技术措施，蔬菜产品的质量必须达到国家标准。为了满足广大菜农对设施蔬菜生产技术的需求，我社策划出版了这套《谁种谁赚钱·设施蔬菜技术丛书》。本丛书由江苏省农业科学院组织蔬菜专家编写，选择栽培面积大、销路好、技术成熟的蔬菜种类，按单品种分16个单册出版。

由于编写时间紧，涉及蔬菜种类多，从选题分类、编写体例到技术内容等多有不尽完善之处，敬请专家、读者指正。

2013年1月

目录

出版者的话

第一章　蔬菜病虫害无公害治理的意义与现状 …… 1

第一节　蔬菜病虫害无公害治理的历史背景 …… 2

一、对农药残留的认识 …… 2

（一）什么是农药残留 …… 3

（二）农药残留的危害 …… 3

（三）目前我国农产品农药残留的状况 …… 4

（四）食用农产品中农药残留的原因 …… 6

（五）含有农药残留的农产品能不能吃 …… 7

（六）农药残留的标准如何确定 …… 8

（七）目前食品安全标准工作的职责分工和农药残留标准的制定情况 …… 10

（八）农药残留超标的原因 …… 11

（九）如何解决农药残留超标问题 …… 12

（十）消费者如何去除农药残留 …… 13

二、无公害蔬菜发展的过程 …… 14

（一）无公害蔬菜生产病虫害防治的主要问题 …… 15

（二）无公害蔬菜生产病虫害治理对策 …… 16

（三）无公害蔬菜生产病虫害防治方法 …… 17

第二节　无公害食品的概念及管理 …… 20

一、无公害农产品、绿色食品、有机食品的概念 …… 20

（一）无公害农产品 …… 20

（二）绿色食品 …… 20

（三）有机食品 …… 21
二、设施农业对植保工作的要求 …… 21
（一）设施农业有利于病虫害发生，要求植保能迅速控害 …… 21
（二）设施农业生产的无公害农产品，要求有绿色植保理念 …… 22
（三）设施农业连续性生产，要求环境安全无污染 …… 22
（四）设施农业种苗产品流通多，要求检疫预防程度高 …… 22

第二章　设施蔬菜主要病虫害及防控技术 …… 23

第一节　设施蔬菜主要虫害 …… 23
一、烟粉虱 …… 23
二、蚜虫 …… 24
三、斑潜蝇 …… 24
四、跳甲 …… 25
五、蓟马 …… 26
六、菜粉蝶 …… 26
七、小菜蛾 …… 27
八、斜纹夜蛾 …… 28
九、甜菜夜蛾 …… 28
十、侧多食跗线螨 …… 29
第二节　设施蔬菜主要病害 …… 30
一、霜霉病 …… 30
二、灰霉病 …… 30
三、白粉病 …… 31
四、枯萎病 …… 31
五、猝倒病 …… 32
六、病毒病 …… 32
七、黄萎病 …… 33
八、菌核病 …… 34
九、青枯病 …… 34

十、软腐病 …… 35
十一、早疫病 …… 35
十二、根结线虫病 …… 35
第三节 设施蔬菜常用防控技术 …… 36
一、农业防治 …… 36
（一）种植制度 …… 36
二、物理防治 …… 37
三、生物防治 …… 38
（一）利用天敌防治 …… 38
（二）作物抗虫性利用 …… 38
（三）诱集或驱避寄主利用 …… 39
（四）耕作防治、不育昆虫防治和遗传防治 …… 39
四、化学防治 …… 39
第三章 设施蔬菜安全用药基本知识 …… 40
一、化学农药的利弊 …… 40
二、农药的有效成分和通用名 …… 41
三、农药的分类 …… 43
（一）按主要用途分类 …… 43
（二）按来源分类 …… 43
（三）按化学结构分类 …… 46
四、农药的剂型 …… 47
五、农药的使用技术 …… 51
（一）喷雾法 …… 52
（二）种子处理法 …… 52
（三）粉尘法 …… 54
（四）撒粒法 …… 55
（五）土壤处理法 …… 55
（六）温室大棚硫黄电热熏蒸法 …… 57

（七）毒饵法 …………………………………………………………… 57
六、农药的安全使用 ……………………………………………………… 58
（一）农药选购 ………………………………………………………… 58
（二）安全操作 ………………………………………………………… 61

第四章　设施蔬菜常用药剂安全使用技术 ………………………………… 66

第一节　杀虫剂安全使用技术 ……………………………………………… 66
一、有机磷类杀虫剂 ……………………………………………………… 66
（一）倍硫磷 …………………………………………………………… 66
（二）毒死蜱 …………………………………………………………… 67
（三）亚胺硫磷 ………………………………………………………… 67
（四）敌百虫 …………………………………………………………… 67
（五）乐果 ……………………………………………………………… 68
（六）辛硫磷 …………………………………………………………… 68
二、拟除虫菊酯类杀虫剂 ………………………………………………… 69
（一）氯氟氰菊酯 ……………………………………………………… 69
（二）氯氰菊酯 ………………………………………………………… 69
（三）溴氰菊酯 ………………………………………………………… 70
（四）氰菊酯 …………………………………………………………… 70
（五）戊菊酯 …………………………………………………………… 71
（六）氟氯氰菊酯 ……………………………………………………… 71
三、氨基甲酸酯类杀虫剂 ………………………………………………… 72
（一）抗蚜威 …………………………………………………………… 72
（二）灭多威 …………………………………………………………… 72
（三）丁硫克百威 ……………………………………………………… 73
四、沙蚕毒素类杀虫剂 …………………………………………………… 73
（一）杀螟丹 …………………………………………………………… 73
（二）杀虫单 …………………………………………………………… 73
（三）杀虫双 …………………………………………………………… 74

（四）杀虫环 …………………………………………………………… 74
五、新烟碱类杀虫剂 ………………………………………………… 75
（一）吡虫啉 …………………………………………………………… 75
（二）啶虫脒 …………………………………………………………… 75
（三）噻虫嗪 …………………………………………………………… 75
六、昆虫生长调节剂类杀虫剂 ……………………………………… 76
（一）除虫脲 …………………………………………………………… 76
（二）灭幼脲 …………………………………………………………… 76
（三）氟啶脲 …………………………………………………………… 76
（四）抑食肼 …………………………………………………………… 77
（五）噻嗪酮 …………………………………………………………… 77
（六）灭蝇胺 …………………………………………………………… 78
七、其他化学合成杀虫剂 …………………………………………… 78
（一）吡蚜酮 …………………………………………………………… 78
（二）虫螨腈 …………………………………………………………… 78
（三）茚虫威（安打） ………………………………………………… 79
（四）氯虫苯甲酰胺 …………………………………………………… 79
（五）氰氟虫腙 ………………………………………………………… 80
（六）双甲脒 …………………………………………………………… 80
八、微生物源杀虫剂 ………………………………………………… 80
（一）苏云金杆菌 ……………………………………………………… 80
（二）阿维菌素 ………………………………………………………… 81
（三）多杀霉素 ………………………………………………………… 82
九、植物源杀虫剂 …………………………………………………… 82
（一）印楝素 …………………………………………………………… 82
（二）苦皮藤素 ………………………………………………………… 83
（三）鱼藤酮 …………………………………………………………… 83
第二节　杀螨剂安全使用技术 ……………………………………… 83
（一）阿维菌素 ………………………………………………………… 84

（二）噻螨酮 …… 84
（三）哒螨灵 …… 84
（四）浏阳霉素 …… 85
（五）溴螨酯 …… 85
（六）双甲脒 …… 86
第三节 杀菌剂安全使用技术 …… 86
一、含铜杀菌剂 …… 86
（一）波尔多液 …… 86
（二）氢氧化铜 …… 87
（三）碱式硫酸铜 …… 88
（四）松脂酸铜 …… 89
（五）喹啉铜 …… 89
二、无机硫和有机硫杀菌剂 …… 90
（一）代森锰锌 …… 90
（二）代森锌 …… 91
（三）代森铵 …… 92
（四）丙森锌 …… 93
（五）福美双 …… 93
（六）福美锌 …… 94
（七）乙蒜素 …… 95
三、唑类杀菌剂 …… 95
（一）三唑酮 …… 95
（二）联苯三唑醇 …… 96
（三）腈菌唑 …… 97
（四）丙环唑 …… 97
（五）氟硅唑 …… 98
（六）腈苯唑 …… 99
（七）苯醚甲环唑 …… 99
四、苯并咪唑类杀菌剂 …… 100

（一）多菌灵 …… 100
（二）丙硫多菌灵 …… 101
（三）苯菌灵 …… 102
（四）噻菌灵 …… 102
（五）甲基硫菌灵 …… 103
五、咪唑类杀菌剂 …… 104
（一）咪鲜胺锰盐 …… 104
（二）氟菌唑 …… 105
（三）氰霜唑 …… 105
六、苯基酰胺类杀菌剂 …… 106
（一）精甲霜灵 …… 106
（二）灭锈胺 …… 107
（三）烟酰胺 …… 107
七、氧基丙烯酸酯类杀菌剂 …… 108
（一）嘧菌酯 …… 108
（二）醚菌酯 …… 108
（三）吡唑醚菌酯 …… 109
八、氨基甲酸酯类杀菌剂 …… 110
（一）霜霉威盐酸盐 …… 110
九、二甲酰亚胺类杀菌剂 …… 110
（一）腐霉利 …… 110
（二）乙烯菌核利 …… 111
（三）菌核净 …… 112
（四）异菌脲 …… 112
十、取代苯类杀菌剂 …… 113
（一）百菌清 …… 113
（二）五氯硝基苯 …… 114
十一、吗啉类杀菌剂 …… 115
（一）烯酰吗啉 …… 115

（二）氟吗啉 …… 115
十二、有机磷类杀菌剂 …… 116
（一）三乙膦酸铝 …… 116
（二）甲基立枯磷 …… 116
十三、有机胂杀菌剂 …… 117
（一）福美胂 …… 117
十四、嘧啶类杀菌剂 …… 118
（一）氯苯嘧啶醇 …… 118
（二）嘧菌环胺 …… 118
十五、脲类杀菌剂 …… 119
（一）二氯异氰尿酸钠 …… 119
（二）氯溴异氰尿酸 …… 119
十六、其他化学合成杀菌剂 …… 120
（一）噁霉灵 …… 120
（二）咯菌氰 …… 120
十七、抗生素类杀菌剂 …… 121
（一）武夷菌素 …… 121
（二）中生菌素 …… 122
（三）申嗪霉素 …… 122
第四节　杀线虫剂安全使用技术 …… 123
一、杀线虫剂分类 …… 123
（一）有机硫类 …… 123
（二）卤化烃类 …… 123
（三）硫代异硫氰酸甲酯类 …… 124
（四）有机磷类 …… 124
（五）氨基甲酸酯类 …… 124
（六）其他类 …… 124
二、推荐药剂 …… 124
（一）棉隆 …… 124

（二）二氯异丙醚（DCIP） …… 125
（三）威百亩 …… 126
（四）氯唑磷 …… 128
（五）厚孢轮枝菌 …… 129
第五节 植物生长调节剂安全使用技术 …… 129
一、种类及使用方法 …… 130
（一）赤霉酸 …… 130
（二）萘乙酸 …… 131
（三）复硝酚钠 …… 131
（四）对氯苯氧乙酸钠 …… 132
（五）乙烯利 …… 132
（六）芸薹素内酯 …… 133
（七）甲哌鎓 …… 134
（八）矮壮素 …… 134
（九）多效唑 …… 134
（十）氯吡脲 …… 135
二、注意事项 …… 135
（一）应用范围 …… 135
（二）应用时期和浓度 …… 136
（三）使用方法 …… 136
（四）环境温度 …… 136
（五）应用时间 …… 136
（六）正确诊断 …… 136

参考文献 …… 137

第一章

蔬菜病虫害无公害治理的意义与现状

进入21世纪，我国经济社会得到快速发展，人民的生活水平稳步提高，膳食结构进一步改善，人们对身体健康的重视程度日益提高，一日三餐已不再满足于吃饱，而更重视营养和健康，对鲜食蔬菜的需求日益增长，特别是对冬季鲜食蔬菜的需求日趋旺盛，从而促进了我国设施蔬菜产业的迅速健康发展，设施蔬菜产业已发展成为我国建设现代农业、增加农民收入、丰富城乡居民菜篮子的一项阳光产业。据农业部全国农业技术推广服务中心统计，1997年我国蔬菜设施面积为84.11万公顷，到2007年，达到292.19万公顷，总产值3 430.48亿元，净产值2 193.06亿元，设施蔬菜的总产值、净产值在蔬菜产业中的比重分别达47.13%和42.68%。

从统计数字上看，我国设施栽培面积很大，居世界第1位，但设施装备的水平低下，90%以上的设施仍以简易型为主，有些仅具简单的防雨、保温功能，抗御自然灾害能力差，土地利用率低，保温、采光性能差，作业空间小，不便于机械操作，更谈不上对设施内的温、光、水、肥等环境因子的综合调控。特别是科技水平及科技含量不高，设施条件下农产品的产量和品质始终在低水平上徘徊。随着无公害农产品、绿色食品、有机食品在我国悄然兴起，发展无公害蔬菜也备受世人关注。无公害蔬菜通过对生产过程的全程质量控制，实现蔬菜的无公害、安全、优质，它既可保护农业生态环境、保障食物安全、利于人体健康，也是农民增收、农业增效的有效途径，是我国农业发展的必然趋势。

第一节　蔬菜病虫害无公害治理的历史背景

一、对农药残留的认识

近年来农产品质量安全事件时有发生，有些老百姓会有“能不能不使用农药”的疑问？其实世界使用农药也就 200 多年的历史，但在这期间农药的使用量不断增加，这是因为人口增长需要大力发展农业生产，以保障粮食的安全供给；同时现代农业的发展也越来越依赖农药的使用。有研究指出，农作物病虫草害引起的损失最多可达 70%，通过正确使用农药可以挽回 40%左右的损失。我国是一个人口众多耕地紧张的国家，粮食增产和农民增收始终是农业生产的主要目标，而使用农药控制病虫草害从而减少粮食减产是必要的技术措施，如果不用农药，我国必然会出现饥荒。农业机械化等现代农业技术需要使用农药进行除草、控高、脱叶、坐果等措施，以利于机械化操作。农药对植物来说，犹如医药对人类一样重要，且必不可少。但也可以通过一些措施减少农药残留，一是全面开展病虫害综合防治，减少农药使用量；二是正确规范使用农药，减少农药残留量；三是大力推广生物农药，减少化学农药的使用，不断降低农药残留水平。农业科研人员及技术推广部门一直在致力于农药减量使用技术的研发和推广。

农药的大规模使用是半个多世纪以来全球农业上的重大事件之一。通过几十年的发展，农药产品门类齐全，品种繁多，主要有杀虫剂、杀螨剂、杀菌剂、杀鼠剂、除草剂、植物生长调节剂等。农药对减轻农业生物灾害、确保农作物产量功不可没。同时，也带来一系列负面影响，如病虫抗药性增强、农产品农药残留超标、人畜中毒等。随着人们生活水平的提高和消费安全观的改变，农产品的农药残留问题已经成为全社会关注的热点之一。

民以食为天，食以安为先。农药残留问题说到底是一个民生问题，是一个关系到农产品质量安全和农产品能否顺利走向世界市场的大问题。对于日益严重的农药残留问题，在我们中国，党和政府都非常重视。从中央到地方政府的各级相关部门层层采取各种有力应对措施，努力降低农药残留，已颁发了《农产品质量安全法》、《农药管理条例》、《食品安全法》等多部法律法规。

（一）什么是农药残留

农药残留是指农药使用后残存于生物体、农产品（或食品）及环境中的微量农药，除农药本身外，也包括农药的有毒代谢物和杂质，是农药及其他相关物质的总称。残存的农药数量称为残留量，以每千克样本中有多少毫克（mg/kg）表示。农药残留是施药后的必然现象，但如果超过最大残留限量标准，会产生对人畜不良影响或通过食物链对生态系统中的生物造成毒害的风险。

农业生产过程中常常发生病虫草害危害，因此需要用农药进行防治，除有机农业使用天然生物农药外，几乎所有农产品都可能含有农药残留。中国农产品是，国外农产品也是。有机农产品、绿色食品和无公害农产品因为对所用的农药以及使用方法有严格的规定，农药残留相对较小，超标的情况少，相对比较安全。绝对无污染的农产品是不存在的，无公害也只是相对而言。

在生产实际中，由于农药使用技术等限制，农药实际利用率只有30%，大部分流失到环境中，植物上的农药残留主要保留在作物表面，具有内吸性的农药部分会吸收到植物体内。植物上的农药经过风吹雨打、自然降解和生物降解，在收获时，农药残留量是很少的。但为了确保农产品的安全，要制定农药残留标准，将农产品中农药残留量控制在安全的范围。没有残留是理想主义，没有一个国家能做到，但减少农药残留，确保农产品安全是各国农业和农药管理的工作目标。

（二）农药残留的危害

世界各国都存在程度不同的农药残留问题，农药残留会导致以下几方面危害。

1. 农药残留对健康的影响 食用含有大量高毒、剧毒农药残留的食物，会导致人、畜急性中毒事故。长期食用农药残留超标的农副产品，虽然不会导致急性中毒，但可能引起人和动物的慢性中毒，导致疾病的发生，甚至影响到下一代。

2. 药害影响农业生产 由于不合理使用农药，特别是除草剂，导致药害事故频繁，经常引起大面积减产甚至绝产，严重影响了农业生产。土壤中残留的长残效除草剂是其中的一个重要原因。

3. 农药残留影响进出口贸易 世界各国特别是发达国家，对农药残留问题高度重视，对各种农副产品中农药残留都规定了越来越严格的限量标准。许多国家以农药残留限量为技术壁垒，限制农副产品进口，保护本国农业生产。2000 年，欧盟将氰戊菊酯在茶叶中的残留限量从 10 毫克/千克降低到 0.1 毫克/千克，使我国茶叶出口面临严峻的挑战。

需要指出的是，“残留”不等于“残毒”。超过国家规定最大残留限量标准的农药残留才会对人体产生危害。世界卫生组织和联合国粮农组织（WHO/FAO）对农药残留限量的定义为：按照良好的农业生产（GAP）规范，直接或间接使用农药后，在食品和饲料中形成的农药残留物的最大浓度。首先根据农药及其残留物的毒性评价，按照国家颁布的良好农业规范和安全合理使用农药规范，适应本国各种病虫害的防治需要，在严密的技术监督下，在有效防治病虫害的前提下，在取得的一系列残留数据中取有代表性的较高数值。它的直接作用是限制农产品中农药残留量，保障公民身体健康。在世界贸易一体化的今天，农药最高残留限量也成为各贸易国之间重要的技术壁垒。

（三）目前我国农产品农药残留的状况

目前我国农产品农药残留现状，可以用三句话来概括，即近年不断好转，总体现状较好，但仍存在隐患。具体来说，一是全国每年 3～5 次的农产品质量安全例行监测显示逐年好转和大为改善的结果，不仅表现于农药残留超标率逐年持续下降，已从十年前的超过50%到目前的10%以下；而且表现在残留检出值也是明显降低，十年前检出超过1毫克/千克农药残留量的蔬菜数量较多，但现已很少见，仅偶有检出超过1毫克/千克。二是目前农产品农药残留监测合格率总体较高，如稻米和水果高达98%以上，蔬菜和茶叶也达95%以上。三是目前农药残留状况尚不稳定，仍然存在着一些风险隐患，如南方地区或其他地区的夏季由于病虫害发生重、农药使用量大、易造成农产品农药残留超标；又如，在设施反季节栽培情况下由于农药用量大并且不易降解，也易引起农药残留超标；还有，随着国内外残留限量标准的提高或监测农药种类的增加，原来不超标的农产品变成了超标，特别是由于我国农业生产的产业规模太小，有众多千家万户的农民分散生产和经营，加上生产技术较为落后，基地准出和市场准入难以真正做到，造成监管更加困难。同时，我国农药残留的标准数量相对发达国家还比较少，因此加快制定和完善农药残留标准是十分重要的工作。

就我国蔬菜质量安全而言，近年来，随着“农业部无公害食品行动计划”的不断实施，有了一定的提高。2010年农业部在全国范围开展了4次蔬菜质量安全例行监测工作，蔬菜的全年总体合格率为96.8%，在2011年农业部前两次例行监测中，蔬菜农药残留超标率分别为97.1%和97.9%。农业部自2002年开始实施“无公害食品行动计划”以来，蔬菜中农药的检测参数已由最初的13种增加到目前的50种，检测农药种类主要涉及有机磷类、有机氯类、氨基甲酸酯类及拟除虫酯类4类农药。监测结果表明，随着农药检测参数的增加，蔬菜农药残留超标率并没有出现明显的上升趋势，可以说近年来我国蔬菜的质量安全稳中有升，但是蔬菜农药残留超标问题还普遍存在，由此引发的食物中毒还时有发现，从香河韭菜到海南豇豆、膨大剂西瓜到催熟香蕉事件等，农药残留已成为人们心头挥之不去的阴霾，因此蔬菜中的农药残留超标问题还需要引起我们足够的重视。

(四)食用农产品中农药残留的原因

造成农产品中农药残留的原因包括农药施用直接造成污染、土壤残留释放、水源携带、随大气飘移等因素。

1. 农药施用直接造成污染 具有内吸性的农药易被作物器官和组织吸收，参与植株的新陈代谢；具有内渗性的农药，可以展布于作物表面或渗透到植株器官的保护层以内。理论上，进入植株表层和体内的绝大多数农药能够被物理、化学和生物因素分解或代谢成其他无毒物质。但是，如果农药用得过多过频，超过作物本身和环境的降解能力，剩下的农药就会滞留在作物中，成为残留农药；另一种情况是在植株体内的农药还没有完全降解就被采收上市或制成加工品，同样也会造成农药残留。前者多为滥用农药所致，后者则是违反安全间隔期所造成的。一般而言，农药施用过程中造成的污染是引起农药残留的主要原因。

2. 土壤残留释放 大量研究表明，农户现行的施药方法有85%～95%的农药被喷洒到非目标物体上，而其中有70%～80%残留在土壤当中。土壤中的农药一部分被微生物和紫外线降解，另一部分则在土壤中蓄积，这些农药再经逐步释放，在作物生长过程中通过物能交换进入作物体内，形成残留。降解和蓄积的量因农药品种、土壤类型、气候条件等而不同。一些半衰期长、性质稳定的农药化合物能在土壤中存留多年，如DDT、六六六等虽然早已禁用，但在一些土壤中仍有微量残留，在这些土壤中种植农作物可导致农产品宿源性污染。

3. 水源携带 农作物灌溉需要用水，而易溶于水的农药容易随水源污染农作物，造成残留。如稻田中经常大量使用三唑磷，三唑磷随田水流入灌溉水源，用这样的水浇灌蔬菜，从而造成蔬菜中三唑磷残留。

4. 随大气飘移 农药经喷洒后可以以气态形式挥发进入大气中，进入大气的农药或以分子形式独立存在，或与大气中的微尘、水分子结合，随气流运转一定距离后直接沉降或随雨水淋降到农作物上而引起农药残留，这样的污染往往从天而降，很难预防。农药随空气飘移和水流移动是造成异地污染和残留的主要途径。

（五）含有农药残留的农产品能不能吃

食用含有农药残留的农产品是否安全取决于农药的残留量、毒性和食用的量。为确保农产品的安全，各国根据农药的毒理学数据（主要是每日允许摄入量和急性参考剂量）和居民食物结构等制定农药残留限量标准，残留量低于标准是安全的，可以放心食用，而超标农产品则存在安全风险，不应食用。需要补充的是，在制定残留标准时增加了至少100倍的安全系数，因此残留标准具有很大的保险系数，理论上讲，即使误食残留超标农产品也可能不会发生安全事故。

为确保农产品安全，我国对农药安全性进行严格管理，农药登记需要进行两年18项急性、亚慢性和慢性等安全试验，绝不批准存在致癌致畸等安全隐患的产品登记。我国还对高毒农药采取了最严格的管理，先后禁止淘汰了33种高毒农药，其中包括甲胺磷等在美国等一些发达国家仍在广泛使用的产品，同时大力发展生物农药。目前我国高毒农药的比例已由原来的30%减少到了不足2%，而72%以上的农药是低毒产品，农药安全性已大幅提高，农村生产中毒发生减少，喝药自杀死亡率也明显下降。这并不是说我国的农产品是绝对安全的，可以肯定的是，现在的农药比以前的更加安全。如果担心农药残留，大家在吃鲜食蔬菜和水果时也可以采取水泡和削皮等措施去除可能的残留。

一般有机农产品、绿色食品和无公害农产品，因为对所用的农药以及使用方法都有严格的规定，农药残留相对较小，超标的情况少，相对比较安全。小麦、水稻和玉米等粮食作物，由于生长期长，储存期也长，大部分农药残留会降解掉，而且又要经过加工和烹调，残留会进一步去除和降解，相对比较安全。蔬菜和水果由于大部分是鲜食的，农药残留降解少，因此国家对蔬菜和水果使用的农药管理较严，除禁止使用高毒农药外，对允许使用的农药严格规定使用技术和安全间隔期，正常的生产不会出现安全问题。对于一些连续采收的鲜食蔬菜和水果，残留风险可能相对大一些。农产品都有农药残留，由于各国对农药及其残留进行严格的管理，符合农药残留标准的农产品是安全的，因此，对于农产品的残留和安全性应当正确认识。要增强安全意识，但也不必谈药色变。农药残留的量是非常少的，其危害远小于一些环境和空气中的污染物和病原微生物。

（六）农药残留的标准如何确定

农药残留标准包括农药残留限量标准（即最大残留限量）、农药残留检测方法标准等，与消费者直接关系最大的是食品或食用农产品中的农药残留限量标准。我国与欧、美以及日本、澳大利亚等国家一样，采用国际上通用的风险评估技术和方法，以考虑最大可能的风险为原则，制定农药残留限量国家标准。具体方法和步骤如下：首先是根据农产品生产、加工、流通、消费、进出口各环节需要及农药使用实际情况，确定需要制定残留限量标准的农产品（或食品）和农药组合；然后开展农药残留降解模拟动态试验、国民膳食结构调查和农药毒理学研究，分别获得农药在正常使用情况下残存于农产品（或食品）中的残留值（包括中间值、最大残留值等）、我国消费者膳食数据（不同地区、不同年龄、不同性别对每种食用农产品或食品的每天消费数量）和农药的毒性（包括每日允许摄入量、急性参考剂量等），并在此基础上开展农药残留膳食摄入风险评估，结果得到农药残留限量标准推荐值；最后经食品安全农药残留国家标准审评委员会审议通过后，由卫生部和农业部联合颁布实施。需要特别指出的是，制定残留标准时，以最大可能的风险为基础，也就是执行最严格的安全要求；在此基础上，还要增加至少100倍的安全系数，举例来说，如果食品中某农药残留量为50毫克/千克时，可能会出现安全风险，那么将标准定为0.5毫克/千克。

人们往往喜欢比较我国与欧美发达国家的标准。在农药残留标准数量方面，由于欧美农药管理历史长，残留制定的数量比我国多。但在标准的水平方面，很难比较各国残留标准的高低。从技术层面讲，各国的农业生产、农药使用情况和食物结构等不同，因此残留标准会存在一定差异。从管理层面讲，尽管制定残留标准的主要目的是为了确保食品安全，但现在各国越来越将农药残留作为农产品国际贸易的技术壁垒，必要时也用作政治筹码。

各国农药残留标准差异还受以下几个因素的影响。一是对于本国不生产不使用的农药，往往制定最严格的标准，而本国使用的农药特别是在出口农产品上使用的农药，残留标准在安全范围内尽可能松。如美国、欧盟和日本对本国没有登记使用的农药按照一律限量标准（即0.01～0.05毫克/千克）执行，而这个浓度许多发展中国家的仪器都难以检测；但是在本国登记使用的农药，即使农药毒性高，其标准却松。如美国规定高毒农药甲胺磷在芹菜上的标准为1毫克/千克，花椰菜上为0.5毫克/千克；日本规定芹菜上为5毫克/千克，花椰菜上为1毫克/千克。二是本国没有或主要依靠进口的作物上的标准严。如氯虫苯甲酰胺是个新杀虫剂，欧盟在葡萄上的标准为1毫克/千克，而在大米等粮谷上却为0.01毫克/千克，茶叶上为0.02毫克/千克，按理葡萄可鲜食，标准应该更高，但葡萄是欧洲的优势作物，因此制定的标准松；再如常用的杀菌剂百菌清，欧盟在直接食用的苹果、梨上标准为1毫克/千克，而在大米等粮谷上却为0.01毫克/千克，在茶叶上为0.1毫克/千克。三是同一作物，各国标准也不同，如安全性不很高的杀菌剂克菌丹在稻谷中的残留标准，日本是5毫克/千克，欧盟为0.02毫克/千克，相差250倍；又如高毒农药甲基对硫磷，日本为1毫克/千克，欧盟为0.02毫克/千克，相差50倍。

为了协调和统一残留标准，国际食品法典委员会负责制定农药残留国际标准，但即使有国际残留标准，大部分发达国家都执行自己的本国标准，而绝大部分发展中国家因为制定残留标准能力弱，往往只能执行国际标准。我国是国际食品法典农药残留标准委员会的主席国，因此，我国的农药残留标准尽可能与国际食品法典标准（而不是欧美日标准）接轨，有的标准比发达国家低，但有的标准比发达国家高。如新农药甲氧虫酰肼我国在甘蓝中的标准为2毫克/千克，而美国和日本的为7毫克/千克；马拉硫磷是老农药，我国在柑橘、苹果、菜豆中的标准为2毫克/千克，在糙米中为1毫克/千克，在萝卜中为0.5毫克/千克，均严于美国8毫克/千克的标准；嗪草酮在大豆中标准为0.05毫克/千克，而美国的为0.3毫克/千克、欧盟和日本为0.1毫克/千克的标准；常用杀菌剂噻菌灵我国在蘑菇中的标准为5毫克/千克，美国为40毫克/千克、欧盟10毫克/千克、日本60毫克/千克，分别比他们严格8、2和12倍。我国制定农药残留标准主要考虑安全，很少涉及贸易保护问题。由此可知，不管各国残留标准水平是否存在差异，残留标准都是根据安全风险评价而制定的，只要符合残留标准，农产品是安全的，不能用别国的标准来判断是否存在安全，不能用一国标准否定别国的标准，这缺乏科学性。因为农药残留标准是不仅仅根据安全风险评估结果来制定，也综合考虑产业发展、国际贸易等各方面因素。

（七）目前食品安全标准工作的职责分工和农药残留标准的制定情况

按照《食品安全法》及其实施条例规定，食品安全国家标准由卫生部负责制定、公布，食品中农药残留、兽药残留的限量规定及其检验方法与规程由卫生部、农业部制定。为做好农药残留、兽药残留标准工作，卫生部、农业部按照《食品安全法》的规定建立了农药残留、兽药残留标准相关机制和工作程序。2009年9月联合印发《食品中农药、兽药残留标准管理问题协商意见》（卫办监督函〔2009〕828号），明确规定了农业部负责食用农产品中农药残留限量及检测方法与规程的计划、立项、起草、审查、复审、解释、档案、制（修）订经费的管理等；负责征求意见和对外通报，向国务院指定的负责对外通报和评议工作的部门提供通报所需资料，提出答复评议意见，并对其他世贸组织成员通报的涉及农药残留的标准提出评议意见；负责组织农药残留专业工作组对标准进行审查形成标准发布稿，并负责标准解释。卫生部会同农业部共同发布和废止农药残留限量和检测方法与规程标准。

2009年《食品安全法》颁布之后，卫生部、农业部共同发布了315项限量标准，并且对2009年之前发布的农药残留限量和相关国家标准、行业标准涉及农药残留限量的进行了清理，现在清理的结果是，涉及农药残留限量1795项，在2011年组织制定了209项农药残留限量标准，新制定的还没有发布，正在程序之中。到目前为止，食品中农药残留限量标准的总数达到了2319项。我国制定农药残留标准的原则完全遵循国际食品法典委员会制定的农药残留标准的原则，也就是遵循残留的风险评估原则，并根据我们国家农药登记的情况和居民膳食消费的情况，这些标准都是在风险评估的基础上制定的。在标准的制定过程中，同时会兼顾考虑农产品的国际贸易、国际标准和我国农业生产的实际情况。标准制定严格按照社会公开征求意见、向WTO通报、以及经过国家农药残留标准审查委员会审议的程序来进行。

（八）农药残留超标的原因

1. 病虫害防治方法单一，缺乏正确使用农药的基本知识

绝大多数农户仅用农药进行防治，原因很简单：杀虫效果好，见效快，还有部分农户不讲究用药技术（如白粉病打叶的正面，霜霉病打叶的背面，不能在晴天正午打药），一旦认为防治效果不佳，就加大用药量，结果使病虫害产生了抗药性。当有了抗药性

的病虫害又在危害田间的蔬菜时，就施用更大的药量来防治。如此恶性循环，蔬菜的农药残留就会大大增加。更严重的是有的农户还违章在蔬菜上使用禁限农药。用药后，农药使用的安全间隔期还未到就忙于上市，这样对人体产生的危害就更大了。

2. 农药产品结构不合理 对使用无公害农药的认识还不够。目前影响蔬菜质量的农药主要为杀虫剂类农药，在此类农药中又以有机磷类杀虫剂为主，即三个70%：使用农药中70%的为杀虫剂；杀虫剂中70%的为有机磷类杀虫剂；有机磷类杀虫剂中70%的为高毒、剧毒、高残留农药。部分农户认为用药后马上见效的农药就是好农药，而低毒无公害的生物农药价格高、效果慢，是浪费了人力和物力，这样对蔬菜的质量也产生了一定的影响。

（九）如何解决农药残留超标问题

1. 合理使用农药 解决农药残留问题，必须从源头上杜绝农药残留污染。我国已经制定并发布了七批《农药合理使用准则》国家标准。准则中详细规定了各种农药在不同作物上的使用时期、使用方法、使用次数、安全间隔期等技术指标。合理使用农药不仅可以有效地控制病、虫、草害，而且可以减少农药的使用，减少浪费，最重要的是可以避免农药残留超标。有关部门应在继续加强《农药合理使用准则》制定工作的同时，加大宣传力度，加强技术指导，使《农药合理使用准则》真正发挥其应有的作用。而农药使用者应认真学习，树立公民道德观念，科学、合理使用农药。

2. 加强农药残留监管 在实行从“农田到餐桌”管理的食品安全保障体系中，检测工作应当紧随标准的修订不断完善。检测工作作为食品原料、生产加工过程、运输以及市场销售等环节中内部自我监控和外部监督检查的重要手段，直接影响食品的质量和安全。随着食品中安全卫生指标限量值的逐步降低，对检测技术提出了更高的要求，检验检测应向高技术化、速测化、便携化、信息化迈进。设置系统的农药残留检测机构并使之逐步社会化，建立科学的检测质量保证体系，以及加强检测技术储备和人员储备是从总体上提高我国农药残留检测能力的重要举措。加强农药残留监测，开展全面、系统的农药残留监测工作，能够及时掌握农产品中农药残留的状况和规律，查找农药残留形成的原因，为政府部门提供及时有效的数据，为政府职能部门制定相应的规章制度和法律法规提供依据。

3. 加强法制管理　加强《农药管理条例》、《农药合理使用准则》、《食品中农药残留限量》等有关法律法规的贯彻执行，加强对违反有关法律法规行为的处罚力度是防止农药残留超标的有力保障。

（十）消费者如何去除农药残留

农产品中的农药残留可以通过一些方法加以去除或者减少，常用的简单方法包括放置、洗涤、烹调和去皮等。一是放置，因为农药残留会随着时间的延续不断地降解，一些耐储藏的土豆、白菜、黄瓜、番茄等，购买后可以放几天，一方面可以使农产品可继续熟化，另一方面农药会降解，残留减少。二是洗涤，残存于农产品表面或外部的农药残留也较易被水或洗洁精冲洗掉，因此，在烹调前将蔬菜用水泡半个小时，再适当加洗洁精冲洗，基本可去除表面的农药残留。三是烹调，高温一般可以使农药残留更快地降解。四是去皮，苹果、梨、柑橘等农产品表皮上的农药残留一般都要高于内部组织，因此，削皮、剥皮是一个很好的方法。

然而需要说明的是，无论采用什么方法，要完全清除农产品中的农药残留，特别是对已经进入农产品内部组织的少量农药残留是难以做到的；而且如果在去除农药残留过程中使用了其他物质，如洗洁精、菌剂、酶剂等，也需要考虑这些物质使用后的残留对人身体的安全性问题，因为洗洁精等虽然能去除农药残留，但其本身作为化学或生物污染物也有可能对农产品（或食品）造成二次污染，有些洗涤剂的毒性可能比许多农药还大。适当有意识地对农产品进行处理是可以的，但过分担忧和处理是没有必要的，只要残留不超标，不会出现安全问题，就像我们每天呼吸可能会吸进病菌，但不会发病。

二、无公害蔬菜发展的过程

无公害蔬菜是指没有受有害物质污染的蔬菜。实际上它是指商品蔬菜中不含有毒物质，或把有毒物质含量控制在允许的范围以内，即农药残留不超标，硝酸盐含量不超标，“三废”有害物质不超标，病原微生物不超标。达到上述标准的，即可称为无公害蔬菜。目前我国无公害蔬菜生产已经出台了相关的检测标准，各地也有相应的生产和管理技术规程，为保证人们吃到真正的无公害蔬菜发挥了重要作用。随着人们生活水平的不断提高，安全卫生的蔬菜产品越来越受到市场和消费者的青睐。但是，由于目前农民在蔬菜生产上缺乏科学指导和严格控制，重产量轻质量，滥用农药、化肥等现象比较普遍，造成蔬菜产品中有毒、有害物质残留量超标等问题，不仅影响了人们的身体健康，而且影响到土壤、水体的质量，破坏了生态环境。为此，大力发展无公害蔬菜生产，已成为今后蔬菜产业的发展方向。

设施蔬菜生产由于棚室内小气候环境特殊，有害生物周年存活，病害的发生和流行相对频繁。以土壤返盐、土传病害为主要表现形式的连作障碍问题也日益突出。蔬菜病虫害种类繁多，尤其是设施农业大面积发展后，为蔬菜病虫的周年危害和繁殖提供了适宜的气候条件、越冬场所，有利于病虫的发生流行，从而使病虫害种类增多，发生规律复杂，危害程度显著加重，防治难度加大，已成为设施农业发展的重要障碍。病害主要有猝倒病、立枯病、灰霉病、瓜类枯萎病、茄子黄萎病、蔓枯病、疫病、番茄晚疫病、番茄早疫病、霜霉病、叶霉病、白粉病、病毒病以及黄瓜细菌性角斑病、番茄青枯病等。虫害主要有温室白粉虱、菜蚜、叶螨、根蛆、蝼蛄、蛴螬、美洲斑潜蝇、棉铃虫、烟青虫等。无公害蔬菜的重要标志，是蔬菜上农药残留量不能超过国家标准。所以，无公害蔬菜病虫害防治，应以农业综合防治为主，农药防治为辅。在农药防治上，优先使用生物农药，科学合理施用高效低毒、低残留的化学农药，严禁使用高毒、高残留农药，运用农业、生物、物理和化学等综合防治技术措施，把病虫害控制在安全指标之内，使蔬菜中的农药残留符合国家规定的标准。

（一）无公害蔬菜生产病虫害防治的主要问题

1. 菜农难以及时掌握病虫害预测预报　在无公害蔬菜生产过程中及时防治病虫害对蔬菜安全生产具有非常重要的作用，但广大菜农对植保部门病虫害的预测预报难以及时、准确掌握。病虫害防治不及时，不仅会造成防治效果的低下，无形中会使菜农增加用药次数，从而增加了农药用量，不仅使蔬菜中农药残留增加，同时会使害虫产生抗药性，导致防效下降，进而又增加农药使用量，造成恶性循环。

2. 不合理的用药习惯导致蔬菜中农药残留超标现象严重　由于目前蔬菜病虫害的防治仍以化学药剂为主，不少菜农不能正确识别病虫害，缺乏植保基本知识和病虫害综合防治技能，误用和不合理使用化学农药的情况普遍。部分菜农对药剂的选择与使用难以准确把握，经常会出现打“便宜药”、打“高毒剧毒药”及打错药等现象。有些菜农误以为农药毒性越大防治效果就会越好，因此使用高毒甚至禁用、限用的农药，此外用药的精准度不够，喷洒农药位置不正确，不合理的混用农药等不合理的用药习惯与方式给无公害蔬菜生产带来了严重的质量安全问题。

3. 农药市场混乱，菜农易被误导　目前，市场上大部分农药经销人员不懂技术，以赢利为目的，常误导菜农错误用药。同时相关部门对国家禁用、限用农药缺乏有效的监管手段。这些问题直接影响了菜农的用药水平，致使蔬菜农药残留问题长期得不到解决。

4. 菜农过分依赖化学农药，缺乏综合防控意识 大多菜农对“预防为主，综合防治”的用药方针理解不深，过分依赖化学农药。而且由于化学农药在病虫害防治中具有速效、使用方便等特点，使不少菜农选择使用化学农药作为无公害蔬菜生产中病虫害防治的主要方法，然而化学药剂防治往往是以牺牲环境安全与农产品安全为代价的，大量化学农药的使用，不仅破坏了菜田的生态平衡，还会造成蔬菜中农药残留超标。

5. 缺乏有效的无公害蔬菜生产技术规程 由于不同蔬菜生产过程中病虫害发生危害不同，每一种蔬菜都应该有相应的无公害生产技术规程和产品标准。然而无公害蔬菜生产技术作为一门新兴的学科，技术规程和标准数量严重不足，不能满足生产需求。同时目前部分技术规程在实际操作中存在诸多实际问题。如对一些需要随时采收的蔬菜而言，执行农药安全间隔期有实际困难，一方面农药安全间隔期要求蔬菜在施药后需间隔一定的时间才能采收，而另一方面有些蔬菜一旦成熟则必须在间隔期内采收，造成施药与采收之间的矛盾。同时，无公害蔬菜病虫害防治技术及规程宣传不够深入，生产中常见规程得不到贯彻执行。许多技术推广人员也缺乏专业的培训，生产中的难题不能及时得到解决。

（二）无公害蔬菜生产病虫害治理对策

病虫害防治是无公害蔬菜生产的核心技术之一。为了提高蔬菜品质、增加农民收入、保护生态环境，无公害蔬菜生产应从蔬菜、病、虫等整个生态系统出发，综合运用各种防治措施。通过预测预报，把病虫消灭或控制在大量发生和显著危害之前。采用农业和生物等措施，消灭病虫来源或压低发生基数，创造不利于病虫发生危害的环境条件，提高蔬菜自身抗病性，减少各种病虫害所造成的损失，等等。而就目前的状况而言，科学、合理、安全使用农药，是确保蔬菜质量安全的关键。

1. 加强病虫害预测预报 以病虫预测预报为基础，贯彻落实预防为主、控防结合的方针，是发展无公害蔬菜生产的有效措施。加强病虫监测与发生预报，提高预警及防灾减灾能力。充分利用病虫情报、网络等功能，强化病虫信息传递能力，做好主要病虫害的短、中、长期预报，提高预测预报水平和预警能力，及时为菜农提供病虫信息，为正确指导农户开展适时防治提供科学依据。

2. 完善农药管理体系　从源头抓起，搞好农药经营市场的管理和监督，杜绝假、劣、高毒农药流入蔬菜生产环节，优化农业生态环境，严格把好农药的安全间隔期，确保蔬菜质量安全。同时要加强对农药销售人员的业务素质培训，积极引导菜农科学用药，尽量减少对菜农的用药误导。

3. 提高病虫害防治技术　以有效控制病虫危害和降低农药残留为目标，综合运用农艺、生物、物理和化学防治，大力推广先进适用的蔬菜病虫绿色防控集成技术。通过技术培训、试验示范等措施进行植保无害化新技术的推广，并形成技术规范进行推广应用，从根本上提高防治水平，降低农药残留。

（三）无公害蔬菜生产病虫害防治方法

1. 强化农业防治技术

（1）优化蔬菜生产条件，选用抗（耐）病品种。蔬菜种植之前，种植基地的选择非常重要，种植基地选择远离污染源，空气、土壤等条件符合国家的相关标准。要对种植基地进行合理的规划，完善排灌设施，对土壤进行培育，创造一个优质的、高效的、生态的无公害蔬菜生产环境。蔬菜品种不同，其抗病虫能力、品质及产量和效益差异较大。选用优良抗病品种是提高蔬菜抗病能力、减少化学农药施用量，达到无公害蔬菜生产的重要环节之一。

（2）用无病种子或对种子进行消毒。无公害蔬菜应从无病留种田采种，并进行种子消毒。常用的方法有温水浸种或采用药剂拌种和种衣剂等方法进行种子处理。

(3) 培育无病壮苗，防止苗期病害。育苗场地与生产地隔离，防止生产地病虫传入。育苗前苗床（或苗房）彻底清除枯枝残叶和杂草，同时要采取隔离措施避免病虫害苗期传入。可采用培养钵育苗，采用无病营养土，同时施用高温腐熟的有机肥。加强育苗管理，及时处理病虫害，最后汰除病苗，选用无病虫壮苗移植。

(4) 轮作倒茬、嫁接防病。蔬菜连作是引发和加重病虫危害的一个重要原因，在生产中按不同的蔬菜种类、品种实行有计划轮作，降低土壤中初侵染源，是减少病虫危害的有效技术措施。

(5) 加强田间管理，及时清除病残体。蔬菜收获后，及时清理、处理蔬菜病残体，并清除田埂、沟渠、地边杂草，从而清除病虫越冬或转主寄主的滋生场所，以减少病原菌和虫卵。发现病株及时拔除销毁。

2. 发展物理防治技术

(1) 利用害虫生活习性，大量使用诱杀技术。运用害虫对颜色、温度、光线的趋性和特异反应对害虫进行捕杀，从而杀死和驱除有害生物。如用高压汞灯、黑光灯、频振式杀虫灯或色板、色膜等进行诱杀、驱避。

(2) 利用性诱剂诱杀。在害虫多发季节，利用昆虫性引诱剂诱芯，对斜纹夜蛾、甜菜夜蛾、小菜蛾、小地老虎等具有很好的防治效果。

(3) 设施防护与隔离技术。覆盖塑料薄膜、遮阳网、防虫网，进行避雨、遮阴、防虫隔离栽培，以减轻病虫害的发生。蔬菜覆盖防虫网后，基本上能免除小菜蛾、菜青虫、甘蓝夜蛾、甜菜夜蛾、斜纹夜蛾、棉铃虫、豆野螟、黄曲条跳甲、蚜虫、美洲斑潜蝇等主要害虫的危害，还可控制昆虫传播病毒病的发生，同时也保护了天敌。

3. 推广生物防治技术

（1）利用天敌。保护利用瓢虫等捕食性天敌和赤眼蜂等寄生性天敌防治害虫，是一种经济有效的生物防治途径，多种捕食性天敌（包括瓢虫、草蛉、蜘蛛、捕食螨等）对蚜虫、飞虱、叶蝉等害虫起着重要的自然控制作用，寄生性天敌害虫应用于蔬菜害虫防治的有丽蚜小蜂（防治温室白粉虱、烟粉虱）和赤眼蜂（防治菜青虫、棉铃虫）等。

（2）利用细菌、病毒、抗生素等生物制剂。利用细菌、真菌、病毒以及农用抗生素、植物提取物等生物制剂防治病虫害。如利用苏云金杆菌（Bt）制剂防治食心虫，用阿维菌素防治小菜蛾、菜青虫、斑潜蝇等，利用核型多角体病毒、颗粒体病毒防治菜青虫、斜纹夜蛾、棉铃虫等，利用农用链霉素、新植霉素防治多种蔬菜的软腐病、角斑病等细菌性病害。

4. 优化化学防治技术

（1）优选农药，做到对症下药。合理选用高效、低毒、低残留农药，禁止使用剧毒、高毒和高残留农药进行蔬菜病虫害防治。严格按照规定和计量要求施用农药，注意农药安全间隔期。

（2）合理混配，交替使用农药。多种药剂交替使用，科学合理复配混用，适时对症用药防治。克服长期使用单一药剂、盲目加大施用剂量和将同类药剂混合使用的习惯，将两种或两种以上不同作用机制的农药合理复配混用，可起到扩大防治范围，兼治不同病虫害，降低毒性，增加药效，延缓抗药性产生的作用。

（3）掌握病虫害的发生周期，有针对性地进行农药防治，这样可以减少农药的使用次数，提高蔬菜产品的质量安全。

（4）优选施药器械，熟练掌握科学的施药技术。高效、准确地将农药喷洒到用药部位，做到精准施药，从而达到有效地控制病虫害的目的，进而减少农药喷洒面积，使残留在蔬菜表面的农药减少。

第二节 无公害食品的概念及管理

一、无公害农产品、绿色食品、有机食品的概念

（一）无公害农产品

无公害农产品是指没有受有害物质污染的农产品。实际上它是指农产品中不含有有毒物质，或把有毒物质含量控制在允许的范围以内，即农药残留不超标，硝酸盐含量不超标，“三废”有害物质不超标，病原微生物不超标。达到上述标准的，即可称为无公害农产品。

（二）绿色食品

绿色食品验证是由我国提出的，经由专门机构认证，许可使用绿色食品标志的无污染的安全、优质、营养类食品。由于与环境保护有关的事物国际上通常都冠之以“绿色”，为了更加突出这类食品出自良好生态环境，因此定名为绿色食品。无污染、安全、优质、营养是绿色食品的特征。无污染是指在绿色食品生产、加工过程中，通过严密监测、控制，防范农药残留、放射性物质、重金属、有害细菌等对食品生产各个环节的污染，以确保绿色食品产品的洁净。为适应我国国内消费者的需求及当前我国农业生产发展水平与国际市场竞争，从 1996 年开始，在申报审批过程中将绿色食品区分 A 级和 AA 级。A 级绿色食品是指生态环境质量符合规定标准的产地，生产过程中允许限量使用限定的化学合成物质，按特定的操作规程生产、加工，产品质量及包装经检测、检验符合特定标准，并经专门机构认定，许可使用 A 级绿色食品标志的产品。AA 级绿色食品系指在环境质量符合规定标准的产地，生产过程中不使用任何有害化学合成物质，按特定的操作规程生产、加工，产品质量及包装经检测、检验符合特定标准，并经专门机构认定，许可使用 AA 级绿色食品标志的产品。AA 级绿色食品标准已经达到甚至超过国际有机农业运动联

盟的有机食品的基本要求。

（三）有机食品

有机食品是国际上普遍认同的叫法，这一名词是从英法 Organic Food 直译过来的，在其他语言中也有叫生态或生物食品的。这里所说的“有机”不是化学上的概念。国际有机农业运动联盟（IFOAM）给有机食品下的定义是：根据有机食品种植标准和生产加工技术规范而生产的、经过有机食品颁证组织认证并颁发证书的一切食品和农产品。

国家环保局有机食品发展中心（OFDC）认证标准中有机食品的定义是来自于有机农业生产体系，根据有机认证标准生产、加工、并经独立的有机食品认证机构认证的农产品及其加工品等。包括粮食、蔬菜、水果、奶制品、禽畜产品、蜂蜜、水产品、调料等。

有机食品与无公害食品和绿色食品的最显著差别是，前者在其生产和加工过程中绝对禁止使用农药、化肥、除草剂、合成色素、激素等人工合成物质，后者则允许有限制地使用这些物质。因此，有机食品的生产要比其他食品难得多，需要建立全新的生产体系，采用相应的替代技术。在我国发展绿色、有机食品蔬菜首先要解决两个问题：①提高有害物残留的检测技术。②扩大我国蔬菜的生产规模，并建立各自的品牌。总的来说，食品蔬菜生产发展趋势为：无公害蔬菜→绿色蔬菜→有机蔬菜。

二、设施农业对植保工作的要求

（一）设施农业有利于病虫害发生，要求植保能迅速控害

设施农业反季节特性，具有温度高、湿度大、通气性差等小气候特点。这些条件非常有利于病虫繁殖蔓延，使得害虫生活周期缩短，世代增多，发生数量加大，蔓延速度加快；同时设施蔬菜周年生产的连续性，还使得一些病虫害不再有越冬、越夏现象，能常年危害；而设施农业产品的高附加值，生产周期的缩

短，使得无论是种植者，还是种植作物本身都对病虫危害更为敏感。所有这些都要求植保工作能对出现的病虫害迅速控制，防止其蔓延危害造成损失。

（二）设施农业生产的无公害农产品，要求有绿色植保理念

设施农业产品一般都要求达到无公害农产品质量标准，甚至更高。无公害农产品生产过程中控制的重点就是农药使用，包括使用农药品种控制和安全间隔期的控制。对农药的科学使用、规范使用等国家也做出许多相关规定，无公害种植业农产品标准中检测的重点也是农药残留，例如国标蔬菜检测项目中重金属有6个、硝酸盐（或亚硝酸盐）有2个，农药残留达41个。因此，不仅要能迅速有效控制病虫危害，防止造成产量损失，还要确保产品质量，保证产品安全。

（三）设施农业连续性生产，要求环境安全无污染

作物生长发育离不开环境，环境污染直接影响作物生长和产品质量。目前农业产地污染主要有大气污染、水质污染和土壤污染，而农业面源污染的不固定性、隐蔽性和复杂性，又是农业环境污染防治的一大难题，农药残留、农药过量不合理施用及农药废弃物乱弃再污染是造成农业面源污染的主要原因之一。设施农业由于其特殊的生态环境及周年连续生产和高质量产品的特点，对环境的要求更加严格，对以农药为重点的农业面源污染控制将更加严格，以保证环境安全。

（四）设施农业种苗产品流通多，要求检疫预防程度高

设施农业种植方式、产品的多样化，市场流通的多渠道、多方向，同时为适应早熟栽培和反季节栽培的需要，新的蔬菜、花卉和苗木的引进交流更加频繁，这也极易造成一些危险性有害生物的传播和扩散。防止有害生物的传播、扩散和蔓延，对植物检疫工作也提出了更高要求。

第二章 设施蔬菜主要病虫害及防控技术

我国种植的设施蔬菜种类丰富，而危害设施蔬菜的病虫害种类繁杂。充分了解这些病虫害的形态、危害症状及发生规律，有助于制定合理的防治策略，采取有效地防治措施，避免盲目用药造成的农户经济损失，减少对环境的影响，降低农产品安全性风险。本章简介近年来设施蔬菜主要病虫害及常用防控技术，为设施蔬菜科学用药奠定基础。

第一节 设施蔬菜主要虫害

一、烟 粉 虱

形态识别：体长0.9毫米左右，虫体淡黄色到白色，复眼红色，肾形，单眼两个，触角发达。翅白色无斑点，被有蜡粉。卵椭圆形，有小柄，与叶面垂直，初产时淡黄绿色，孵化前颜色加深，呈琥珀色至深褐色，但不变黑。若虫椭圆形，扁平，体色由淡绿色逐渐加深至黄色，体周围有蜡质短毛，尾部有2根长刚毛。

危害症状：烟粉虱可直接刺吸植物汁液，造成植株衰弱，使叶菜类表现为叶片萎缩、黄化、枯萎，如番茄果实不均匀成熟。此外，成、若虫还可以分泌蜜露，诱发煤污病。

发生规律：该虫在我国北方地区主要在温室大棚越冬，在温度较高的南方地区一年四季均危害。据调查，烟粉虱在江苏地区的露地寄主植物上不能越冬。江苏北部地区主要在日光温室内越冬，中部和南部地区主要在双膜塑料大棚和智能温室内越冬。成虫飞行能力弱，较大范围的扩散危害主要借助风力作用。此外，烟粉虱有较强的趋黄习性。烟粉虱在一年内有两个高峰期，即5月下旬至7月中旬，9月上旬至10月下旬，在干旱少雨的情况下有利于种群的增长。

二、蚜　　虫

形态识别：有翅胎生雌蚜体长2.2毫米，宽0.94毫米。头、胸部黑色，额瘤明显，向内倾斜。触角较体短，翅透明，腹部淡绿色。有背中大斑，各节间斑明显。

无翅胎生雌蚜卵圆形，体呈绿、黄绿、橘黄或赭赤色，有光泽，额瘤显著，内倾。触角较体短。

无翅有性雌蚜体长1.5～2毫米，体肉色或橘红色，额瘤显著，外倾，触角较短。

有翅雄蚜似有翅胎生雌蚜，但腹部黑斑较大，卵长椭圆形，初产时墨绿色，后变黑色，有光泽。若虫似无翅胎生雌蚜，但体较小。

危害症状：蚜虫不仅直接刺吸植株汁液，其排泄蜜露可诱发煤污病发生，更重要的是还能传播多种蔬菜病毒病。

发生规律：北方成蚜在靠近风障下的菠菜心和接近地面的主根上越冬，也可在菠菜及随秋收进入菜窖内在大白菜上产卵越冬；南方菜区冬季在十字花科蔬菜或菠菜上能继续繁殖，并出现有翅蚜，无明显越冬现象。蚜虫主要靠有翅蚜迁飞扩散，传毒速度很快。有翅蚜对黄色有正趋性，对银灰色有负趋性。蚜虫的发生有季节性消长特点，即春、秋季发生量大，夏季发生量小。

三、斑 潜 蝇

形态识别：体型小，长1.3～2.3毫米，体淡灰黑色。额宽约为复眼宽的1.5倍。触角和颜面为亮黄色，复眼后缘黑色。中胸背板亮黑色，侧板黄色，有一变异黑色区。腹侧板几乎为一大型的黑色三角形斑所充满。腹部背面为黑色，侧面和腹面为黄色。卵椭圆形，米色，略透明。幼虫蛆状，初孵化无色，渐变淡黄绿色，后期变为橙黄色。

危害症状：主要以幼虫潜入叶片内取食叶肉，形成不规则白色蛇形蛀道。蛀道两侧边缘可见交替平行排列的黑色条状粪便。雌虫则在叶片上刺孔产卵和取食汁液形成不规则白点。植株受害后，造成叶片早衰、变黄、枯死甚至死苗。

发生规律：斑潜蝇在江苏一年可发生9～11代，在露地蔬菜上不能安全越冬，但能以幼虫在日光温室或双层塑棚内越冬寄主上过冬。多为秋季多发型，8月下旬至10月中旬形成猖獗危害期。

斑潜蝇田间种群数量和对作物的危害程度，主要受虫源数量、作物布局及气候因子的影响。凡是温室、大棚面积大，能为冬季提供适宜越冬繁殖条件，加上周年都种植其嗜好的寄主植物，就会造成害虫猖獗危害。

四、跳　　甲

形态识别：成虫体长1.8～2.4毫米，黑色有光泽。前胸及鞘翅上有许多刻点，排成纵行。鞘翅中央有1黄色条纹，两端大，中央狭，外侧的中部凹曲很深，内侧中部直，仅前后两端向内弯曲。卵蚕茧形，初产时淡黄色，半透明，接近孵化时姜黄色。幼虫长圆筒状，乳白色，各节上生细毛。

危害症状：成虫主要取食叶片，在叶面啃食叶肉，把叶片吃成许多小孔洞，被害叶片老而带苦味。幼虫咬食寄主根皮，形成不规则条状疤痕，也可咬断须根，使幼苗地上部分萎蔫而死。萝卜被害后，表面蛀成许多黑斑，变黑腐烂。

发生规律：在江、浙一带以成虫在田间、沟边落叶、杂草及土缝中越冬。越冬成虫于3月中、下旬开始出蛰活动，在越冬蔬菜与春菜上取食活动，4月开始产卵。春季和秋季为主害带，危害严重，但春季重于秋季，盛夏高温季节发生危害较小。成虫多在叶背栖息，有明显的趋黄色和趋嫩绿习性，喜取食叶色深绿的十字花科蔬菜。

五、蓟　马

形态识别：体细长，长约1毫米，淡黄色至橙黄色，头近方形，复眼稍凸出，单眼3个，红色，三角形排列。4翅狭长，周缘具长毛。卵长椭圆形，黄白色，长约0.2毫米，在被害叶上针点状白色卵痕内，卵孵化后卵痕为黄褐色。若虫黄白色，复眼红色，初孵幼虫极微细。

危害症状：主要危害节瓜、冬瓜、苦瓜、西瓜和茄子，也危害豆科和十字花科蔬菜。以成虫和若虫锉吸瓜、茄果类蔬菜的嫩梢、嫩叶、花和果汁液，使被害叶片或组织老化变硬、畸形，嫩梢僵缩，植株生长缓慢。危害叶片时，主要在叶片的背面，茄子叶片受害后，被害叶片皱缩，叶片背面形成失绿斑块，后呈棕黄色枯斑，叶面变黑褐色；幼果受害后，果皮僵化。

发生规律：广东1年发生20～21代，周年繁殖，世代严重重叠。多以成虫在茄科、豆科蔬菜或杂草上、土块下、土缝中、枯枝落叶间越冬，少数以若虫越冬。第二年气温升至12℃时越冬成虫开始活动。广州4月初在田间发生，7月下旬至9月进入发生危害高峰，秋瓜收获后成虫向越冬寄主转移。成虫具迁飞性和喜嫩绿习性，有趋蓝色特性，此虫较耐高温，土壤含水量8%～18%最适宜，夏、秋两季发生较严重。

六、菜 粉 蝶

形态识别：成虫体长12～20毫米，翅展45～55毫米。体黑色，胸部密被白色及灰黑色长毛。头小，复眼大，圆形，黑色。翅白色，雌蝶前翅前缘和基部大部分为灰黑色，顶角有1个大三角形黑斑，在中室的外侧有2个黑色圆斑，一前一后，在后者下面有1向翅基延伸的黑带；后翅基部灰黑色，前缘也有1黑色斑。雄蝶体略小，翅面黑色部分也较少，前翅近前面1个黑斑明显。卵竖立呈瓶状，初产时淡黄色，后变橙黄色，孵化前变淡紫灰色。

危害症状：幼虫主要取食叶片，咬成孔洞或缺刻，危害严重时，叶片几乎被吃尽，仅留较粗的叶脉和叶柄。幼虫排出的粪便也可污染菜叶，影响蔬菜品质。危害造成的伤口还有利软腐病病菌侵入，引起病害流行。

发生规律：我国各地发生的世代数自北向南逐渐增加。除南方的广州等地无越冬现象外，各地皆以蛹在被害田附近的篱笆、屋墙、风障、树干上以及杂草或残枝落叶间越冬。成虫白天晴天活动，并有趋集在白色花间停留的习性。菜粉蝶的发生受气候、降雨、食料和天敌等因子综合影响，因而虫口数量出现季节性波动。菜粉蝶喜温暖少雨的气候条件，虫口密度春夏之交达最高峰。嗜食十字花科蔬菜，偏食厚叶片的甘蓝和花椰菜等。

七、小菜蛾

形态识别：成虫体长6～7毫米，翅展12～15毫米，头部黄白色。胸、腹背部灰褐色。翅狭长，缘毛很长，前翅前半部灰褐色，中央有1纵向三度弯曲的黑色波状纹，其后面部分为灰白色。静止时两翅覆盖于体背呈屋脊状，灰白色部分合成3个连串的斜方块。卵椭圆形，大部分散产。

危害症状：主要以幼虫危害叶片，初孵幼虫可潜入叶片组织，取食叶肉，稍大即啃食下表皮叶肉，残留一层表皮，形成透明斑，农民称为“开天窗”。3～4龄幼虫食叶造成孔洞和缺刻，严重时菜叶被吃成网状，降低食用价值。在蔬菜苗期，常集中在心叶危害，影响甘蓝、白菜的包心，还危害油菜及留种菜株的嫩茎、幼荚和籽粒，对产量影响很大。

发生规律：小菜蛾1年发生3～19代，江苏扬州8～11代。

北方以蛹越冬，扬州以老熟幼虫和蛹在冬菜上过冬，南方各季各虫态都有，无越冬滞育现象。长江下游全年消长呈双峰型，上半年在5月上旬至6月中旬，下半年在9月中下旬至10月份，秋季危害较春季重，北方以春季危害为主，每年5～6月早甘蓝和留种菜常受到严重危害。成虫通常昼伏夜出，有趋光性。

八、斜纹夜蛾

形态识别：成虫体长16～21毫米，翅展37～42毫米。前翅黄褐色，有复杂的黑褐色斑纹，中室下方淡黄褐色，翅基部前半部有白线数条，内、外横线之间有灰白色宽带，自内横线前缘斜伸至外横线近内缘1/3处，灰白色宽带有2条褐色线纹。后翅白色，具紫光闪耀。卵半球形，卵块椭圆形，上覆黄褐色绒毛。

危害症状：以幼虫危害。低龄幼虫食害叶肉，受害叶片仅剩一层表皮，呈窗纱状；高龄幼虫吃叶成缺刻，严重时除主脉外，全叶皆被吃尽，还可钻蛀甘蓝的心球，将内部吃空，引起腐烂失去食用价值；危害棉花时，幼虫除食叶外，还钻食棉花的花、蕾和铃。

发生规律：一年发生多代，世代重叠。有滞育特性。在福建、广东等南方地区，终年都可以繁殖，无越冬休眠现象。长江中、下游地区在自然环境下不能越冬，每年以7～9月发生数量最多。成虫昼伏夜出，对黑光灯有较强的趋性，喜食糖、酒、醋等发酵物及花蜜作为补充营养。卵多产于叶背。斜纹夜蛾是一种喜温性而又耐高温的间歇猖獗危害的害虫，抗寒能力很弱。

九、甜菜夜蛾

形态识别：成虫体长8～14毫米，翅展19～30毫米。前翅内横线、外横线和亚外缘线均为灰白色，但个体之间差异较大。外缘线由1列黑色三角形斑组成。前翅中央近前缘外方有肾形斑1个。后翅灰白色，略带紫色，翅脉及缘线黑褐色。卵圆球形，白色，表面有放射状隆起线，卵块上有白色疏松绒毛。

危害症状：以幼虫危害。低龄幼虫在叶背群集结网食害叶肉，使叶片仅剩一层表皮和叶脉，呈窗纱状；高龄幼虫吃叶成孔洞或缺刻，严重时除主脉外，全叶皆被吃尽。作物苗期受害，可导致死苗而断垄，甚至毁种。3龄以上幼虫还可钻蛀青椒、番茄果实，造成落花、落果；也可钻入葱管内危害。

发生规律：在华北地区1年发生3～4代，长江流域5～6代。以蛹在土室内越冬。在华南地区无越冬现象，可终年繁殖。成虫白天躲在杂草及植物茎叶的浓荫处，黄昏开始飞翔、交尾和取食，有趋光性。甜菜夜蛾是一种间歇性大发生的害虫，田间发生轻重与当年入梅早迟和7～9月的气候密切相关。凡是入梅早、夏季炎热，秋季发生往往就重。

十、侧多食跗线螨

形态识别：雌成螨椭圆形，长0.21毫米，宽0.12毫米，初化成螨时，淡黄色，后渐变成黄褐色，半透明，沿背中央有白色条纹。须肢特化成为两层鞘状物将螯肢包围，形似口器。体背有4块背板，腹面后足体有4对刚毛。雄成螨体近六角形，长0.19毫米，宽0.09毫米。淡黄色或橙黄色，半透明。体末有一锥台形尾吸盘，足强大，具刚毛。尾部腹面有很多小刺。卵椭圆形，灰白色。背面有6排白色突出的刻点，表面平整光滑。

危害症状：以成螨和若螨集中在嫩尖、花、幼果等较幼嫩部位刺吸危害。受害叶片变硬、变脆，呈油质光泽或油渍状。危害严重时，叶片背面变灰褐或黄褐色，边缘向下卷曲，嫩茎、嫩枝、嫩花、蕾变为黄褐色，木质化，顶部干枯。

发生规律：以雌成螨在避风的寄主植物卷叶中、芽心、芽鳞内和叶柄缝隙中或杂草中越冬。各地发生代数不一，在热带及温室条件下，全年都可发生，但冬季繁殖能力较低。在北京地区，大棚内5月下旬开始发生，6月下旬至9月中旬为盛发期。江苏扬州和重庆地区辣椒一般6月发生，危害盛期为7～9月。在田间主要靠风传播，往往先形成中心被害点，然后向四周扩散。有强烈的趋嫩性。高温、高湿有利于其生长发育。

第二节　设施蔬菜主要病害

一、霜霉病

症状识别：该病多见于莴苣、白菜等叶菜类作物以及葫芦、茄子、西瓜等瓜果类作物，通常由假霜霉属和霜霉属的各种病原菌引起。从幼苗到收获各阶段均可发生，主要危害叶片，由基部叶向上部叶发展。发病初期在叶面形成近圆形至多角形浅黄色病斑，湿度大时叶背可见霜状霉层，有时扩展至叶面。后期发展为黄褐色枯死斑，严重时整叶枯黄死亡。

侵染循环、传播途径和发病条件：该病菌主要通过气流、浇水、农事及昆虫传播。田间种植过密、浇水过多、土壤湿度大、排水不良等容易导致发病。初始病原菌常潜伏于土壤、作物病残体、种子、芽或茎内，待生长条件适宜后开始侵染健康作物。由于温室和大棚内温湿条件适宜，该病可接连发生。

二、灰霉病

症状识别：灰霉病由灰葡萄孢菌引起，可对番茄、草莓、葡萄、辣椒、黄瓜等多种作物的花、果、叶、茎造成危害，以果实特别是青果发病为重。果实的果蒂、果柄或脐部首先显症，然后向整个果实扩展，致使果皮呈灰白色并产生厚厚的鼠灰色霉层，果实软化至腐烂。叶片发病则从叶尖开始，沿叶脉间呈V形向内扩展，病斑灰褐色或茶褐色，病健交界明显。幼苗被侵染后，叶片、叶柄发病呈灰白色水渍状，高湿时表面出现灰色霉层；而幼茎多在叶柄基部形成不规则水渍斑，很快变软腐烂，直至病苗枯萎。

侵染循环、传播途径和发病条件：该病害是一种典型的气传病害。病菌以菌核或菌丝体在土壤或病残体上潜伏，当有作物种植并且温湿度条件适宜时，开始侵入并造成危害。病害发生后，菌丝上新生的分生孢子可以借助空气流动、水流以及农事作业传播，并再次侵染其他健康植株。种植密度过大，环境温度15～25℃，通风不及时造成湿度持续90%以上时，该病常常会大发生。

三、白 粉 病

症状识别：白粉病在几乎所有的粮食作物、果蔬等园艺作物上均可发生，由白粉菌目病原菌引起，包括设施大棚中常见的葡萄白粉病菌、葫芦科的瓜类白粉病菌、豌豆白粉病菌、草莓白粉病菌以及芸薹属类蔬菜白粉病菌。植株地上部分均可发病，主要危害叶片，也危害茎秆和果实。最初在叶片的正面或反面形成分散的白色粉状斑，而后扩大发展成圆形或椭圆形白色粉状霉层，最后联合成一片，甚至覆盖全叶，病斑上常有散生的黑色小颗粒状闭囊壳。抹去白粉，可见叶面褪绿，枯黄变脆。

侵染循环、传播途径和发病条件：病原菌以闭囊壳、菌丝体潜伏于病残体内，或以菌丝体、分生孢子在寄主上越冬越夏。待温湿条件适宜时，分生孢子或子囊孢子借助气流、雨水和农事操作传播到健康植株叶片上并侵染。待新菌丝产生，白色粉状分生孢子脱落后将发生再次传播并侵染。保护地栽培作物因通风不良、栽培密度过高、氮肥施用过多、田块低洼而发病较重。

四、枯 萎 病

症状识别：该病由尖孢镰刀菌（或称尖孢镰孢菌）引起，在不同作物上该病菌有对应的致病专化型。大棚设施内该类病菌常危害瓜类、茄果类以及草莓等作物。发病植株最初表现为部分叶片或植株的一侧叶片中午萎蔫下垂，似缺水状，早晚可以恢复，反复多日后，萎蔫叶片逐渐遍及全株，早晚不能复原，并很快枯死。横切病茎或发病株基部茎秆，可见维管束变褐。潮湿时病株茎秆表面产生白色或粉红色霉层。

侵染循环、传播途径和发病条件：该菌主要以菌丝体和厚垣孢子在土壤、病株残体、未腐熟的带菌肥料和种子里潜伏，待条件适宜时，通过根部伤口或根毛部位侵入，随后经茎秆维管束进行系统性侵染。病菌可随种子、土壤、灌溉水、地下害虫、农具等传播，通过根部伤口侵入健康植株。土壤高湿、根部积水、氮肥过多、地下害虫和根结线虫多的地块病害发生重，且重茬次数越多，发病越重。

五、猝倒病

症状识别：猝倒病常发生于辣椒、番茄、莴苣、白菜、甘蓝、萝卜、芹菜、洋葱以及瓜类作物的幼苗期。该病多由腐霉属和疫霉属的病原真菌引起。侵染初期，幼苗露出土表的胚茎基部或中部呈水渍状并变软，后变为黄褐色缢缩，在子叶尚未显症的情况下，幼苗即整株倒伏贴地，故名猝倒。苗床湿度大时，病残体及周围床土上可生一层絮状白霉。

侵染循环、传播途径和发病条件：病原菌由卵孢子或厚垣孢子在作物残体内或土壤中越冬并渡过不良的环境条件。条件适宜时卵孢子萌发，产生芽管，直接侵入幼苗，或芽管顶端膨大后形成孢子囊，释放出的游动孢子借雨水、灌溉水或农事操作传播到其他健康幼苗上，从茎基部侵入。病苗上产生的孢子囊和游动孢子可进行再侵染。如土温适合（15～20℃）、湿度高、光照不足、幼苗生长势衰弱则发病加重。

六、病毒病

症状识别：病毒病常见于各种瓜类、茄果类和叶菜类作物，而且一种作物常常可以被多种病毒侵染。作物的发病症状一般表现为：花叶，即病株叶片上常有颜色深浅不均匀的斑驳、斑点或条纹，而且叶脉常褪色；变色，即病株叶片出现褪绿、变黄、变红或变紫；畸形，植株茎、叶和果实等组织器官生长畸形，如卷叶、小叶、皱缩叶或簇生叶，茎秆丛枝，果实形状不规则，常有瘤状突起；坏死，即病株茎、叶和果实上有大小不等的枯斑，严重时整株枯死。另外，病株与健株相比常表现为矮化或矮缩。

侵染循环、传播途径和发病条件：最初致病的病毒常存在于周边杂草以及病株残体上，另外，带毒昆虫也是重要的病毒来源。当蚜虫、叶蝉、飞虱、白粉虱等在带毒作物上吸食后，再吸食健康植株，导致病毒传播扩散。农事操作对作物造成的微伤口也可能会传播扩散病毒，导致健康植株感病。此外，一些带毒的繁殖材料如接穗、鳞茎、块根、块茎等，通过昆虫、螨类、土壤中的真菌、线虫等媒介体，也可将病毒传染。

七、黄萎病

症状识别：该病多在茄子、甜（辣）椒、番茄、马铃薯、莴苣以及瓜类等蔬菜上造成危害，其病原菌为大丽轮枝菌。植株下部叶片首先显症，叶片边缘及叶脉间发黄，叶脉仍然保持绿色，叶片发黄的部位变薄变软，随后发展为半边叶或整叶变黄、干枯；症状由下向上逐渐发展，严重时全株叶片脱落；病株矮小，株形不舒展；横切茎基部，可见到木质部维管束变色，呈黄褐色或棕褐色。

侵染循环、传播途径和发病条件：黄萎病病菌以菌丝体和微菌核在病残体或土壤中潜伏，成为下一茬作物的初侵染源。病菌以微菌核形态在土壤中可存活6～8年，条件适宜时，通过植株根部侵入到维管束组织，造成全株感染。之后，产生的分生孢子借助水流、气流和农事操作进行传播，植株生长旺盛时发病缓慢，当植株进入开花阶段花芽发育时，病害扩展较快。平均气温15～25℃、雨量大、地势低洼、覆土过深、起苗时伤根多等因素也导致发病，连作地发病加重。

八、菌 核 病

症状识别：菌核病是指由核盘菌属、链核盘菌属、丝核属和小菌核属等真菌引起的植物病害的统称。作物的茎蔓、叶片和果实均可发病，茎基部染病时，初生水渍状斑，后变为淡褐色，造成茎基软腐或纵裂；叶片染病，可见灰色至灰褐色湿腐状病斑，叶片逐渐腐烂；果实染病，初现水渍状斑，扩大后呈湿腐状。发病后期在病部可见白色棉絮状菌丝体，其中包被数量不等的黑褐色鼠粪状菌核。

侵染循环、传播途径和发病条件：病菌最初以菌核或菌丝体形态存在于病残体或病地土壤中，而且菌核在土壤中可存活2～3年。当条件适宜时，菌核萌发出菌丝并产生子囊孢子或分生孢子。孢子通过水流、气流传播至健康植株上。

九、青 枯 病

症状识别：设施蔬菜常见的青枯病是茄科劳尔氏菌引起的细菌性病害。主要危害番茄、茄子、辣椒、马铃薯等茄科蔬菜。最初，植株地上部分白天表现为缺水，但阴天和早晚有所恢复，不久后植株迅速萎蔫、枯死，但茎叶仍保持绿色。发病茎秆的褐变部位用手挤压，有乳白色菌液排出。

侵染循环、传播途径和发病条件：青枯病菌通常潜伏于发病植株或杂草的根际，通过农事作业过程中造成的伤口或由根瘤线虫、蓝光丽金龟幼虫等根部害虫造成的伤口侵染健康植株，在茎的导管部位和根部发病。有时也会通过细根侵入植株内发病。在高温高湿、重茬连作、低洼土黏、田间积水、土壤偏酸、偏施氮肥等情况下，该病容易发生。

十、软 腐 病

症状识别： 设施蔬菜的软腐病是由胡萝卜软腐欧氏菌引起的细菌性病害。在十字花科作物（白菜、大白菜、甘蓝、萝卜等）、莴苣、辣椒、番茄、瓜类上均可发病。发病部位呈水渍状，并逐渐变软腐烂。当根及茎基部发生软腐时，整个植株失水枯萎，叶松散软垂，发病后期如温湿度高常散发恶臭味。

侵染循环、传播途径和发病条件： 病菌主要在病残体、带菌肥料或中间寄主潜伏，也可在某些害虫体内。多依赖雨水、介体昆虫或农事操作传播和侵染。咀嚼式口器昆虫密度大、多雨湿热、肥料未腐熟、地块连作时此病易大发生。

十一、早 疫 病

症状识别： 该病是真菌性病害，由茄链格孢菌侵染所致，引起番茄、马铃薯、辣椒、茄子等作物早疫病。叶片病斑圆形或近圆形，边缘褐色，中部灰白色，具同心轮纹；湿度大时，病部长出微细灰黑色霉状物，严重时整片叶子干枯脱落。果实或块茎染病，表面产生近圆形至不规则形褐色凹陷斑，湿度大时病斑上长出黑绿色或黑色霉层。

侵染循环、传播途径和发病条件： 病菌主要以菌丝体和分生孢子在病残体和种子上越冬，通过气流、灌溉水以及农事操作从气孔、伤口或表皮直接侵入健康植株。发病后，产生新分生孢子继续扩大侵染范围。植株生长势弱、坐果期下部老叶容易感病，且遇到高温高湿发病加重。

十二、根结线虫病

症状识别： 南方根结线虫、北方根结线虫病、花生根结线虫在番茄、南瓜、辣椒、花生等多种作物上均可造成危害，统称为根结线虫病。线虫侵入作物根部后，须根及主根各部位产生大小不一的不规则瘤状物，即虫瘿（又称根结），剖开虫瘿可见其内藏有很多黄白色卵圆形雌线虫。由于根系功能受到破坏，植株生长缓慢甚至停滞，叶缘发黄或枯焦。

侵染循环、传播途径和发病条件：根结线虫常以卵随病残体残留在土壤中，条件适宜时，卵孵化为幼虫，继续发育并侵入寄主，刺激根部细胞增生，形成根结。线虫发育至4龄时交尾产卵，雄虫离开寄主进入土中，不久即死亡；卵在根结里孵化并发育，2龄后离开卵壳，进入土中进行再侵染。虫体借助雨水和灌溉水传播。土壤质地疏松、通气好、盐分低的条件适宜线虫活动，有利发病，连作地发病重。

第三节　设施蔬菜常用防控技术

一、农业防治

农业防治是防治农作物病、虫、草害所采取的农业技术综合措施，调整和改善作物的生长环境，以增强作物对病、虫、草害的抵抗力，创造不利于病原物、害虫和杂草生长发育或传播的条件，以控制、避免或减轻病、虫、草的危害。

（一）种植制度

1. 轮作　对寄主范围狭窄、食性单一的有害昆虫，轮作可恶化其营养条件和生存环境，或切断其生命活动过程的某一环节。如大豆食心虫仅危害大豆，采用大豆与禾谷类作物轮作，就能防止其危害。

2. 间、套作　合理选择不同作物实行间作或套作，辅以良好的栽培管理措施，也是防治害虫的途径。高、矮秆作物的配合也不利于喜温湿和郁蔽条件的有害生物发育繁殖。但如间、套作不合理或田间管理不好，则反会促进病、虫、杂草等有害生物的危害。

3. 作物布局　合理的作物布局，如有计划地集中种植某些品种，使其易于受害的生育阶段与病虫发生侵染的盛期相吻合，可诱集歼灭有害生物，减轻大面积危害。在一定范围内采用一熟或多熟种植，调整春、夏播面积的比例，均可控制有害生物的发生、消长。

4. 耕翻整地 耕翻整地和改变土壤环境，可使生活在土壤中和以土壤、作物根茬为越冬场所的有害生物经日晒、干燥、冷冻、深埋或被天敌捕食等而被治除。冬耕、春耕或结合灌水常是有效的防治措施。对生活史短、发生代数少、寄主专一、越冬场所集中的病虫，防治效果尤为显著。中耕则可防除田间杂草。

5. 播种 包括调节播种期、密度、深度等。调节播种期可使作物易受害的生育阶段避开病虫发生侵染盛期。此外，适当的播种深度、密度和方法，结合种子、苗木的精选和药剂处理等，可促使苗齐、苗壮，影响田间小气候，从而控制苗期有害生物危害。

6. 田间管理 包括水分调节、合理施肥以及清洁田园等措施。灌溉可使害虫处于缺氧状况下窒息死亡；采用高垄栽培大白菜，施用腐熟有机肥，合理施用氮、磷、钾肥，可减轻病虫危害程度，如增施磷肥可减轻小麦锈病等。但氮肥过多易致作物生长柔嫩，田间郁蔽阴湿利于病虫害发生，而钾肥过少则易加重水稻期胡麻斑病等。此外，清洁田园对病虫防治也有重要作用。

7. 收获 收获的时期、方法、工具以及收获后的处理，也与病虫防治密切相关。如大豆食心虫、豆荚螟，均以幼虫脱荚入土越冬，若收获不及时，或收获后堆放田间，就有利于幼虫越冬繁衍。用联合收割机收获小麦，常易混入野荞麦和燕麦线虫病的植株而发生危害。

二、物理防治

物理防治是利用简单工具和各种物理因素，如光、热、电、温度、湿度和放射能、声波等防治病虫害的措施，包括最原始、最简单的徒手捕杀或清除，以及近代物理最新成就的运用，可算作古老而又年轻的一类防治手段。人工捕杀和清除病株、病部及使用简单工具诱杀、设障碍防除虽有费劳力、效率低、不易彻底等缺点，但在目前尚无更好防治办法的情况下，仍不失为较好的急救措施。徒手法常归在栽培防治内。也常用人为升高或降低温、湿度等方法，如晒种、热水浸种或高温处理竹木及其制品等。利用昆虫趋光性灭虫自古就有。近年黑光灯和高压电网灭虫器应用广泛，用仿声学原理和超声波防治害虫等均在研究、实践之中。如利用黄色粘虫板诱杀烟粉虱，利用太阳能杀虫灯诱杀多种害虫等。

三、生物防治

生物防治就是利用一种生物对付另外一种生物的方法。

（一）利用天敌防治

利用天敌防治有害生物的方法应用最为普遍。每种害虫都有一种或几种天敌，能有效抑制害虫的大量繁殖。这种抑制作用是生态系统反馈机制的重要组成部分。利用这一生态学现象，可以建立新的生物种群之间的平衡关系。如在设施蔬菜田间利用小菜蛾寄生蜂防治小菜蛾，利用丽蚜小蜂防治烟粉虱，利用捕食螨防治蓟马、叶螨，利用食蚜瘿蚊防治蚜虫等技术，均有成功先例可供借鉴。

（二）作物抗虫性利用

即选育具有抗性的作物品种防治病虫害，如选育抗马铃薯晚疫病的马铃薯品种、抗花叶病的甘蔗品种、抗镰刀菌枯萎病的亚麻品种、抗黄化曲叶病毒病的番茄品种等。作物的抗虫性表现为忍耐性、抗生性和无嗜性。忍耐性是作物虽受有害生物侵袭，仍能保持正常产量；抗生性是作物能对有害生物的生长发育或生理机能产生影响，抑制它们的生活力和发育速度，使雌性成虫的生殖能力减退；无嗜性是作物对有害生物不具有吸引能力。

（三）诱集或驱避寄主利用

某些寄主植物对害虫具有较强的引诱或驱避作用，合理利用这一习性可为防治害虫增添新途径。如在设施蔬菜周边种植苘麻可诱杀烟粉虱，在设施蔬菜大棚内种植芹菜可对烟粉虱起到较好的驱避作用。

（四）耕作防治、不育昆虫防治和遗传防治

耕作防治就是改变农业环境，减少有害生物的发生。不育昆虫防治是搜集或培养大量有害昆虫，用γ射线或化学不育剂使它们成为不育个体，再把它们释放出去与野生害虫交配，使其后代失去繁殖能力。美国佛罗里达州应用这种方法消灭了羊旋皮蝇。遗传防治是通过改变有害昆虫的基因成分，使它们后代的活力降低，生殖力减弱或出现遗传不育。此外，利用一些生物激素或其他代谢产物，使某些有害昆虫失去繁殖能力，也是生物防治的有效措施。

四、化学防治

化学防治又叫农药防治，是用化学药剂的毒性来防治病虫害。化学防治是植物保护最常用的方法，也是综合防治中一项重要措施。

当前应用的农药主要有杀虫剂、杀菌剂和杀线虫剂，病毒抑制剂也在积极开发中。农药具有高效、速效、使用方便、经济效益高等优点，使用不当可对植物产生药害，引起人、畜中毒，杀伤有益微生物，导致病原物产生抗药性。农药的高残留还可造成环境污染。为了充分发挥化学防治的优点，减轻其不良作用，应当恰当地选择农药种类和剂型，采用适宜的施药方法，合理使用农药。

第三章 设施蔬菜安全用药基本知识

一、化学农药的利弊

化学农药防治病、虫、草害效果显著，目前生产上使用很普遍。化学农药具有适用范围广、防治对象多、生产成本低、防治效果高、经济效益高等优点。但是，长期过量地使用化学农药，会产生一系列不良后果。病、虫、草害的防治要坚持“预防为主，综合防治”的方针，不要过分依赖化学农药。因此，我们要充分认识化学农药的优缺点，科学合理地使用化学农药。

化学农药使用不当会造成如下危害：

1. 造成人、畜中毒和有益生物死亡 施药时安全防护做得不好、不按照有关使用规定和操作规程施药，或者违规在蔬菜、水果上使用高毒农药、施用高毒农药后对施药区域不设立警告标志，会造成人、畜中毒和有益生物死亡。

2. 造成农副产品中农药残留污染 过量使用农药，在安全间隔期内使用农药，在蔬菜、果树、茶叶、中药材等植物上使用高毒农药或其他禁止使用的农药，都容易造成农产品中农药残留量超过限制标准，由于富集作用而导致畜牧、水产等副产品中农药残留超标，危害食用者健康。例如在茶叶上使用氰戊菊酯、噻嗪酮（扑虱灵）等药剂，很可能导致其残留量超过欧盟的残留限量标准，影响我国茶叶出口。

3. 导致农作物发生药害 在农药品种选择、使用浓度、使用方法或使用时间等不当，易导致农作物发生药害。例如，三唑类杀菌剂烯唑醇在水稻上如果使用时期不合适，就可能产生小穗不实；核果类水果如桃、李、杏等对乐果比较敏感。

4. 破坏生态平衡，导致有害生物再猖獗　使用农药不当，还可杀死田间大量的天敌，如鸟类、青蛙、瓢虫、蜘蛛、草蛉等，导致害虫猖獗发生。

5. 导致病虫草害产生抗药性　长期连续大量地不合理使用农药，可导致病、虫、草害不同程度地产生抗性，使农药防治效果降低甚至失去作用，造成大量用药、抗药性增加、增大用药量、抗药性再增加的恶性循环，不仅使防治成本增加，防治难度加大，残留污染增大，而且最终可能失去一种或一类可用的农药。

6. 造成环境污染　农药对环境的污染主要表现在对土壤、水源、空气及农副产品的污染，不科学合理使用则会加剧污染。在水源处或地下水位高的地方使用涕灭威、克百威、甲拌磷等高毒或剧毒农药，容易引起水中农药超标。

7. 增加农业生产成本　不科学合理使用，使农药的效果得不到理想发挥，导致防治效果下降，只有加大农药使用剂量才能达到控制病虫的效果，这无疑增加了防治成本，并有可能耽误有害生物的防治而造成更大的损失。

8. 减少农药可用资源　农药是人类在与农业有害生物斗争和改造自然界的过程中发展起来的，每一种农药的开发都花费了大量的财力和人力，而且随着抗药性的增长，人们在寻找生物体内的新靶标也越来越困难，新作用机理农药的开发成本越来越高，因此农药正成为一种资源，需要加以保护性地科学合理使用。

二、农药的有效成分和通用名

农药名称是它的生物活性即有效成分的称谓。一般来说，一种农药的名称有化学名称、通用名称和商品名称（我国从 2008 年开始取消商品名），为突出品牌效应，农药也有商标名称。

化学名称是按有效成分的化学结构，根据化学命名原则，定出化合物的名称。化学名称的优点在于明确地表达了化合物的结构，根据名称可以写出该化合物的结构式。但是，化学名称专业性强，文字太长，特别是结构复杂的化合物，其文字符号繁琐，使用很不方便。故除专业文章外，在科普书籍中一般不常采用。但国外农药标签和使用说明书上经常列有化学名称。

通用名称即农药品种简短的“学名”，是农药产品中起药效作用的有效成分的名称，是标准化机构规定的农药生物活性有效成分的名称，一般是将化学名称中取几个代表化合物生物活性部分的音节来组成，经国际标准化组织（简称ISO）制定并推荐使用，例如，敌百虫的通用名称为trichlorfon，三环唑为tricyclazole。通用名称第一个字母为英文小写。

我国使用中文通用名称和国际通用名称（英文通用名称）。中文通用名称在中国范围内通用，国际通用名称在全球通用。通用名称的命名是由标准化机构组织专家制定的，并以强制性的标准发布施行。我国农药通用名称国家标准（GB4839—1998）由国家质量技术监督局于1998年7月13日发布，并于1999年1月1日实施。标准中规定了1 000个农药的通用名称，分杀虫剂、杀螨剂、增效剂、杀鼠剂、杀菌剂、除草剂、除草安全剂和植物生长调节剂等八类。凡涉及农药有效成分名称的，均应使用该标准规定的通用名称，任何农药标签或说明书上都必须标注农药的中文和英文通用名称，以免混乱。

农药的商品名称是农药生产厂为其产品在有关管理机关登记注册所用名称。农药通用名只有一个，但是商品名称不同生产企业有不同的名字。为解决农药产品数量多、一药多名和标签管理不规范等问题，农业部在2007年年底发布通知，自2008年7月1日起，生产的农药产品一律不得使用商品名称，只允许用通用名和简化通用名。同一种农药产品只有一个统一的以中文通用名称为核心的正式名称，它由三部分组成：有效成分质量百分数+

有效成分中文通用名称＋加工剂型名称，例如，80%敌敌畏乳油，不同厂家生产同一种农药制剂以注册商标相区别。原药名称的第三组成部分可以只写“原药”，也可按物态分别写为“原粉”、“原油”，例如87%辛硫磷原油、96%多效唑原粉等。农药名称应当标注在标签的显著位置，商标标注的单字面积不得大于产品名称标注的单字面积。

三、农药的分类

农药品种很多，迄今为止，在世界各国注册的已有1 500多种，其中常用的达300多种。为了研究和使用上的方便，常常从不同角度把农药进行分类。其分类方式较多，主要有以下3种。

（一）按主要用途分类

包括杀虫剂、杀螨剂、杀鼠剂、杀软体动物剂、杀菌剂、杀线虫剂、除草剂、植物生长调节剂等。

（二）按来源分类

可分为矿物源农药、生物源农药及化学合成农药三大类。

1. 矿物源农药　起源于天然矿物原料的无机化合物和石油的农药，统称为矿物源农药。它包括砷化物、硫化物、铜化物、磷化物和氟化物以及石油乳剂等。可以用做杀虫剂、杀鼠剂、杀菌剂和除草剂。目前使用较多的品种有硫悬浮剂、石灰硫黄合剂（液体或固体）、王铜（氧氯化铜）、氢氧化铜、波尔多液、磷化锌、磷化铝以及石油乳剂。

2. 生物源农药　利用生物资源开发的农药，简称生物农药，按照来源分为植物源农药、动物源农药、微生物源农药三大类。

（1）植物源农药　按性能划分可分为七大类：

①植物毒素：植物产生的对有害生物具有毒杀作用的次生代谢物。例如，具有杀虫作用的除虫菌素、烟碱、鱼藤酮、假木贼碱、藜芦碱、茴蒿素。

②植物源昆虫激素：多种植物体内存在昆虫蜕皮激素类似

物，含量较昆虫体内多，且较易提取利用。从藿香蓟属植物中发现提取的早熟素，具有抗昆虫保幼激素的功能，现已人工合成活性更高的类似物，如红铃虫性诱剂。

③拒食剂：植物产生的能抑制某些昆虫味觉感受器而阻止其取食的活性物质。已发现的此类物质化学类型较多，其中拒食作用最强的几种属于萜烯和香豆素类。

④引诱剂和趋避剂：植物产生的对某些昆虫具有引诱或趋避作用的活性物质。例如，丁香油可引诱东方果蝇和日本丽金龟，香茅油可趋避蚊虫。

⑤绝育剂：植物产生的对昆虫具有绝育作用的活性物质。例如，从巴拿马硬木天然活性物质衍生合成的绝育剂，对棉红铃虫有绝育作用，从印度菖蒲根提取的β-细辛脑，能阻止雌虫卵巢发育。

⑥增效剂：植物产生的对杀虫剂有增效作用的活性物质。例如，芝麻油中含有的芝麻素和由其衍生合成的胡椒基丁醚，对菊酯类杀虫剂有较强的增效作用。

⑦植物内源激素：植物产生的能调节自身生长发育过程的非营养性的微量活性物质。它在植物界普遍存在，主要类型有生长素（吲哚乙酸）、乙烯、赤霉素、细胞分裂素、脱落酸和芸薹素内酯（油菜素内酯），它们在植物体内含量极微，不可能人工提取利用，因此根据其化学结构进行衍生合成或半合成，开发出植物生长调节剂，例如乙烯利、2，4-D、萘乙酸、玉米素等。

植物源农药按防治对象划分，可分为植物杀虫剂（烟碱、鱼藤酮、除虫菊素、藜芦碱、川楝素、印楝素、茴蒿素、百部碱、苦参碱、苦皮藤素、松脂合剂、蜕皮素A、蜕皮酮、螟蜕素等）、植物杀菌素（大蒜素、香芹酚、活化酯—植物抗病激活剂等）、植物杀鼠剂（海葱苷、毒鼠碱等）、植物源植物生长调节剂（吲哚乙酸类、赤霉素、芸薹素内酯、植物细胞分裂素、脱落素等）以及具有除草活性的植物。

（2）动物源农药　动物源农药按其使用性能可分为三类：

①动物毒素：由动物产生的对有害生物具有毒杀作用的活性物质。例如，由阿根廷蚁产生的防卫毒素、大胡蜂产生的曼达拉毒素、斑蝥产生的斑蝥素等，但均未商品化。根据沙蚕产生的沙蚕毒素化学结构衍生合成开发的沙蚕毒类杀虫剂，如杀螟丹、杀虫环、杀虫双等品种已大量生产应用。

②昆虫激素：由昆虫内分泌腺体产生的具有调节昆虫生长发育功能的微量活性物质。主要有脑激素、蜕皮激素和保幼激素三类。前两类作为农药尚未实用化。保幼激素衍生合成的多种保幼激素类似物已经商品化，如烯虫酯。昆虫性信息素（性引诱剂），较广泛地用于测报害虫发生和防治。

③天敌动物：对有害生物具有寄生或捕食作用的天敌动物进行商品化繁殖、施放，以防治有害生物。如寄生性赤眼蜂、绒茧蜂、捕食性的草蛉、蜘蛛。另有能致害虫死亡的病原线虫，目前已发现的有斯氏线虫、异杆线虫及索氏线虫等三个属。

（3）微生物源农药　由细菌、真菌、放线菌、病毒等微生物及其代谢产物加工制成的农药。按来源不同，微生物源农药包括农用抗生素和活体微生物农药两大类。

农用抗生素是由抗生菌发酵产生的具有农药功能的次生代谢物质，它们都是具有明确分子结构的化学物质。现已发展成为生物源农药的重要大类。用于防治真菌病害的有井冈霉素、武夷菌素、灭瘟素、春雷霉素、多抗霉素、有效霉素等；用于防治细菌病害的有链霉素、土霉素等；用于防治螨类的有浏阳霉素、华光霉素、橘霉素（梅岭霉素）等；用于防治害虫的有阿维菌素、多杀菌素、虫螨霉素等；用于除草的双丙氨膦；用作植物生长调节剂的赤霉素、比洛尼素等。

活体微生物农药是利用有害生物的病原微生物活体作为“农药”，以工业方法大量繁殖其活体并加工成“制剂”应用，其作用实质是生物防治。按病原微生物分类有以下八类：

①真菌杀虫剂：如白僵菌、绿僵菌；

②细菌杀虫剂：如苏云金杆菌（Bt 制剂）、日本金龟子芽孢杆菌、防治蚊虫的球状芽孢杆菌；

③病毒杀虫剂：包括核多角体病毒、颗粒体病毒、质多角体病毒，均有高度专一性，用弱毒化病毒防治植物病毒病也是一种利用途径；

④微孢子原虫杀虫剂：例如，防治蝗虫的微孢子原虫已有商品化应用；

⑤无专性寄生线虫：利用对昆虫无专性寄生的线虫开发作为杀虫剂的研究，正进入实用阶段；

⑥真菌除草剂：如中国开发的鲁保一号；

⑦细菌杀菌剂：如地衣芽孢杆菌、蜡状芽孢杆菌、假单胞菌、枯草芽孢杆菌、木霉菌等；

⑧细菌杀鼠剂：如 C 型肉毒梭菌毒素、D 型弱毒梭菌毒素。

3. 化学合成农药 由人工研制合成，并由化学工业生产的一类农药，其中有些是以天然产品中的活性物质作为母体，进行模拟合成或作为模板据以结构改造、研究合成效果更好的类似化合物。化学合成农药的分子结构复杂，品种繁多（常用的约 300 种），生产量大，是现代农药中的主体。现阶段化学合成农药的主要特点：一是高效化。20 世纪 40 年代以前防治病、虫、草的农药每公顷平均用药量高达 7～8 千克；50～70 年代的新一代化学合成农药用药量降低了一个数量级，为 0.75～1 千克；而 70 年代以后出现的高效和超高效农药的用药量已降低达 15～150 克，某些品种已降至 15 克以下，芸薹素内酯在 10～100 毫克/升的浓度下，便对植物显示生理活性。二是随着人们对环境要求的提高，农药的管理及登记日趋严格，致使新农药品种出现速度滞缓，部分老品种因毒性或残留等原因而被禁用。

（三）按化学结构分类

有机合成农药的化学结构类型有数十种之多，主要的有有机磷（膦）、氨基甲酸酯、拟除虫菊酯、有机氮、有机硫、酰胺类、脲类、醚类、酚类、苯氧羧酸类、三氮苯类、二氮苯类、苯甲酸类、脒类、三唑类、杂环类、香豆素类、甲氧基丙烯酸类、有机金属化合物等。

四、农药的剂型

农药是有效成分及其制剂的总称。农药有效成分一般由农药生产厂经化学合成或生物发酵等方法获得，有效含量较高而统称为农药原药。除少数品种外，农药原药一般不能直接施用，必须根据原药特性和使用的具体要求与一种或多种没有药物作用的非药物成分（通常称农药辅助剂，或简称农药助剂）配合使用，加工或制备成某种待定的形式，这种加工后的农药形式就是农药剂型，如乳油、可湿性粉剂、悬浮剂等。剂型选定后，农药生产厂根据企业中有机溶剂、乳化剂及其他成分获得的难易对农药原药进行加工，如将92％阿维菌素原药加工成1.8％阿维菌素乳油或0.9％阿维菌素乳油，将95％腈菌唑原药加工成12.5％腈菌唑乳油或25％腈菌唑乳油等。这种农药剂型确定后的具体农药品种就叫农药制剂。

将农药原药加工成农药制剂一般不会改变农药有效成分对有害生物作用的本质和特点。理论上讲，每一个农药有效成分可以加工成许多不同的农药剂型。但到底加工成什么剂型，首先需要考虑农药有效成分的特点和使用技术对农药分散体系的要求；除此之外，随着人类科技进步和环保意识加强，降低使用毒性、减少环境污染、优化生物活性也成为农药剂型加工必须考虑的因素。

农药剂型目前被设计成两字母代码系统，根据最新国际剂型代码系统统计，目前已有各种农药剂型近百种，常用的有几十种。按剂型物态分类，有固态、半固态、液态、气态；按施用方法分类，有直接施用、稀释后施用、特殊用法等。多数农药加工成水中分散使用的剂型，主要是考虑了实际使用中水来源丰富和水基性药液配制及施用的便捷。而这些水中分散使用的剂型中，液体剂型占较大比重，这与液体剂型加工及使用中计量和添加方便有关。

下面介绍几种主要的农药剂型：

1. 可湿性粉剂（WP）　可湿性粉剂是农药的基本剂型之一，加工成可湿性粉剂的农药原药一般既不溶于水，也不易溶于有机溶剂，很难加工成乳油或其他液体剂型。常用杀菌剂、除草剂大多如此。

2. 可溶性粉剂（SP）　可溶性粉剂是在可湿性粉剂基础上发展起来的一种农药剂型，在形态和加工上与可湿性粉剂类似。

3. 水分散粒剂（WG）　为了解决可湿性粉剂存在的粉尘问题，粉剂可以与高水溶性或高水吸附性材料和凝固剂进行粒性化而加工成水分散制剂。这种粒性化制剂与水混合时可迅速崩解并形成与可湿性粉剂一样的细小颗粒悬浮液。水分散制剂是在可湿性粉剂和悬浮剂的基础上发展起来的农药新剂型，在技术指标控制上，除了要求入水崩解迅速外，其他基本上与可湿性粉剂相同。

4. 悬浮剂（SC）　农药水基性悬浮剂是一种发展中的环境相容性好的农药新剂型，是由不溶于水的固体或液体原药、多种助剂（湿润分散剂、防冻剂、增稠剂、稳定剂、填料等）和水经湿法研磨粉碎形成的多组分非均相粗分散体系。由于农药悬浮剂一般具有较高的有效成分含量或固体填充物含量，不用或很少使用有机溶剂，施用时对水喷雾，分散性好、悬浮率高，没有粉尘漂移问题；使用中药效比可湿性粉剂高，基本接近乳油，悬浮剂具有乳油和可湿性粉剂两类重要剂型的优点，避免了它们的主要缺点。对于两类农药的混合物，如果不容易加工成乳油则可以选择加工成悬浮剂。

根据生产、应用和贮运等多方面的要求，悬浮剂一般需要控制外观、黏度、细度、分散性、悬浮率及冷、热贮稳定性等技术指标。由于受加工设备及润湿分散剂等多方面的影响，我国农药悬浮剂生产与使用中长期存在贮存稳定的关键技术问题。农药的沉降导致制剂贮存过程中形成了块状沉淀，不容易再次悬浮而严重影响正常使用。

5. 乳油（EC）　乳油是农药的最基本剂型之一，主要依靠有机溶剂的溶解作用使制剂形成均相透明的液体，利用乳化剂的两亲活性，在配制药液时将农药原药和有机溶剂等以极小的油珠均匀分散在水中，并形成相对稳定的乳状液。一般来说，凡是液态或在有机溶剂中具有足够溶解度的农药原药，都可以加工成乳油。乳油是一个发展非常成熟的农药剂型，也是日趋被淘汰的一种剂型。乳油因耗用大量对环境有害的有机溶剂，特别是芳烃有机溶剂而被限用甚至禁用的呼声甚高，美国等西方发达国家甚至相继颁布条款不再登记以甲苯、二甲苯为溶剂的农药。

6. 水乳剂（EW）　水乳剂有时也称做浓乳剂，是不溶于水的农药原药液体或农药原药溶于有机溶剂所得的液体分散于水中形成的一种热力学不稳定分散体系。水乳剂是部分替代乳油中有机溶剂而发展起来的一种水基化农药剂型。与乳油相比，减少了制剂中有机溶剂用量，使用较少或接近乳油用量的表面活性剂，提高了生产与贮运安全性，降低了使用毒性和环境污染风险，是目前我国大力提倡发展的农药剂型。但是，由于制剂中大量水的存在，配方选择的技术要求较高。一方面，大批水中不稳定的农药有效成分不能加工成水乳剂；另一方面，随着温度和时间的变化，制剂在贮运过程中会产生油珠的聚集而导致破乳，影响贮存稳定性，必须选择合适的乳化剂，有时还需要加入一定量的增黏剂。再加上加工设备要比乳油复杂，这都在不同程度上限制了农药水乳剂的发展。

7. 微乳剂（ME）　农药微乳剂是借助表面活性剂的增溶作用，将液体或固体农药均匀分散在水中形成的光学透明或半透明的分散体系，微观结构上是由表面活性剂界面膜所稳定的一种或两种液体的微细液滴构成，是热力学稳定体系。和水乳剂一样，农药微乳剂也是乳油剂型的替代发展方向，国内外都比较重视。但是，由于农药制剂微乳化的研究起步较晚，农药微乳剂并未形成大规模工业化生产和实际应用，且大多产品存在表面活性剂用量大、制剂有效含量低，产品贮存稳定性差等问题。

8. 粉剂（DP） 粉剂是由农药原药、填料及少量助剂经混合（吸附）、粉碎至规定细度而成的粉状固态制剂。我国以通用粉剂为主，可以喷粉、拌种和土壤处理使用。粉剂加工容易、包装与贮运简单，一般直接施用，不需用水，成本低、工效高。所以，在相当一定时期内，粉剂一直是我国重要的农药剂型。目前，由于粉剂中大量相当小的颗粒容易顺风飘移，而且也会产生农药有效成分与填料分离的现象，多数粉剂不再喷洒使用，大部分用来进行种子处理。

9. 颗粒剂（GR） 颗粒剂是由农药原药、载体、填料及助剂配合经过一定的加工工艺而成粒径大小比较均匀的松散颗粒状固态制剂。颗粒剂为直接施用的农药剂型，有效含量一般不能太高（小于20%），否则农药有效成分很难均匀分布。常用的加工方法有包衣法、浸渍法、捏合法三种。包衣法可以使用低吸附性的载体，药剂的释放速度可以通过选择黏结剂来控制。后两种加工方法一般使用吸附性较好的载体，药剂大部分处于载体颗粒里面，施用后再缓慢释放出来，因此，具有明显的缓释作用。

10. 微囊剂（CN） 微囊剂是农药的颗粒或液滴被一层囊皮材料包裹，形成具有缓释性能的微囊悬浮剂或微囊粒剂。胶囊大小为10～30微米，持效期可以通过改变囊皮的厚度来进行调整。可以喷施或涂刷到作物上。微囊剂的特点是毒性低，持效期长，可大大减少农药的气味和刺激性，减少农药受外界气、湿、光等环境条件的影响，提高稳定性。

11. 烟剂（FU） 烟剂是由农药原药、供热剂（氧化剂、燃料等助剂）等经加工而成的固态农药剂型，根据使用要求可以加工成粉状、锭状或片状。只需要用火点燃，依靠供热剂燃烧释放出的足够热量，使农药原药升华或汽化到大气中冷凝后迅速变成烟或雾，并在空气中长时间悬浮和扩散，从而起到防治病虫害的目的。

12. 超低容量喷雾（油）剂（UL）　超低容量喷雾（油）剂是以高沸点的油质溶剂为农药有效成分分散介质，添加适当助剂配制而成的一种特质油剂。一般具有较高的农药有效含量，配方中选用高沸点溶剂或加入抑蒸剂以避免细小雾滴挥发变小。与其他超低容量喷雾（油）剂相比，静电油剂的配方中必须含有静电剂。大多数情况下，超低容量油剂的黏度需要使用合适的有机溶剂调整，这种有机溶剂的主要作用是溶解化学农药，有效地阻止雾滴蒸发。除此之外，适合超低容量油剂使用的溶剂还应该具有低的黏度系数、黏度不随温度变化而变化，与一定范围的化合物具有好的协调性，没有药害。超低容量喷雾（油）剂一般不用对水而直接施用，既可用机械进行弥雾，也可进行超低容量喷雾。超低容量喷雾（油）剂施用后形成的雾滴非常细而且均匀，所以用量少、药效高。但是，由于受施药机械的限制，我国超低容量喷雾（油）剂的品种不多。

13. 其他农药剂型　我国还有许多农药剂型由于制剂用量不大而不常见，例如水剂、种衣剂、气雾剂、热雾剂、缓蚀剂等，有的是在其他剂型基础上发展起来的，有的是其他剂型的一种新使用方法。

五、农药的使用技术

施用农药就是通过各种各样的方法把药剂输送到种子、土壤或作物等病、虫、草、鼠害等有害生物栖息或危害部位的过程。根据不同农作物病、虫、草、鼠害发生特点和环境条件以及药剂的理化特性，农药使用方法包括种子包衣、土壤熏蒸、种苗处理、喷粉、喷雾、熏烟、树干注射、化学灌溉等多种多样的方法，这些方法都是农药应用过程中人们研究总结出的切实可行的技术手段，用户可根据自己的具体情况来选择。农药的使用方法不是唯一的，针对农作物病、虫、草害的发生种类和特点，根据农作物的作用方式和作用特性，选择不同的农药剂型，选择不同的施药机具，可以采用多种多样的农药使用方法。

（一）喷雾法

喷雾法是用乳油（乳剂）、可湿性粉剂或可以溶化在水里的农药加水稀释配制成所需要的浓度，用喷雾器喷洒在农作物或病、虫、草害上的一种方法。要求喷射均匀周到。喷雾法的优点，耗药量较少，展布性和均匀程度较高，不易被风吹走，药效较长，能与病虫杂草接触的概率较大。缺点是要有良好的水源条件和喷雾器械。在农药喷雾过程中，尽量采用降低容量的喷雾方式，把施药液量控制在300升/公顷以下，避免采用大容量喷雾方法。喷雾作业时的行走方向应与风向垂直，最小夹角不小于45°。喷雾作业时要保持人体处于上风方向喷药，实行顺风、隔行喷雾，严禁逆风喷洒农药，以免药雾吹到操作者身上。为保证喷雾质量和药效，在风速过大（＞5米/秒）和风向常变不稳时不宜喷雾。特别是在除草剂喷雾时，当风速过大时容易引起雾滴飘移，造成邻近敏感作物药害。在使用触杀型除草剂时，喷头一定要加装防护罩，避免雾滴飘失引起的邻近敏感作物药害，另外，喷洒除草剂时喷雾压力不要超过0.3毫帕，避免高压喷雾作业时产生的细小雾滴引起的雾滴飘失。机动背负气力式喷雾机适宜采用降低容量喷雾方法，施药液量控制在150升/公顷以下，避免喷雾机喷头直接对着作物喷雾，以免造成药液从作物叶片上流失。有条件的地方，在大田喷杆喷雾机上应加装特殊的自洁过滤器，避免药液中的药渣堵塞喷雾机的喷头，影响防治效果。

（二）种子处理法

浸种法是将种子浸渍在一定浓度的药剂水分散液里，经过一定时间使种子吸收或黏附药剂，然后取出晾干，从而消灭种子表面和内部所带病原菌或害虫的方法。浸种药液一般需要高出浸渍种子10～15毫米。浸种法处理种子的防病虫效果与使用药液的浓度、药液温度以及浸渍时间有密切关系。浸种所用的药液浓度并不是根据种子重量计算所得，而是表示药液中农药有效成分的含量。例如，当使用福美双浸种，如果使用药液的浓度为0.2%，则表示每100千克药液中含有福美双（折百计）0.2千克。具体浸种时间根据药剂使用说明进行操作。浸过的种子一般需要晾晒，对药剂忍受力差的种子浸种后还应按要求用清水冲洗，以免发生药害；有的浸种后可以直接播种，这要依农药种类和土壤墒情而定。

拌种法是将选定数量和规格的拌种药剂与种子按照一定比例混合，使被处理种子外面都均匀覆盖一层药剂，并形成药剂保护层的种子处理方法。药剂拌种既可湿拌，也可干拌，但以干拌为主。药剂拌种一般需要特定的拌种设备，具体做法是将药剂和种子按比例加入滚筒拌种箱内，滚动拌种，待药剂在种子表面散布均匀即可。一般要求拌种箱的种子装入量为拌种箱最大容量的2/3～3/4，以达到较好的拌种效果。拌种箱的旋转速度一般以每分钟30～40转为宜，拌种时间3～4分钟，可正反方向各旋转2分钟。拌种完毕后一般要停顿一定时间，待药粉在拌种箱沉降后再取出种子。有些地方仍然采用比较原始的木锨翻搅的拌种方式，药剂黏附不均且容易脱落，还容易损伤种子，达不到理想的拌种效果。在有条件的地方应该尽可能利用专用拌种器拌种，也可以使用圆柱形铁桶，将药剂和种子按照规定的比例加入桶内，封闭后滚动拌种。拌好药的种子一般直接用来播种，不需再进行其他处理，更不能进行浸泡或催芽。如果拌种后并不马上播种，种子在贮存过程中就需要防止吸潮。

闷种法是将一定量的药液均匀喷洒在播种前的种子上，待种子吸收药液后堆在一起并加盖覆盖物堆闷一定时间，以达到防止病虫危害目的的种子处理方法。闷种法实际上是介于浸种与拌种之间的一种种子处理方法，又称为半干法。闷种法主要利用挥发性药剂在相对封闭环境中所具有的熏蒸作用而起到防治病虫害的目的，所以多选用挥发性强、蒸气压力低的农药有效成分进行闷种处理，例如福尔马林、敌敌畏等。近年来，一些内吸性较好的杀菌剂品种也被用来进行闷种处理。闷种法处理后的种子晾干即可播种，一般不需其他处理，不宜久贮，以免种子发热影响发芽率。

包衣法是将种衣剂包覆在种子表面形成一层牢固种衣的种子处理方法，也是一项把防病、治虫、消毒、促长融为一体的种子处理技术。种子包衣需要专用的农药剂型，即种衣剂；需要专用的包衣设备，即种子包衣剂；也需要规范的包衣操作程序，即脱粒精选、药剂选择、包衣处理、计量包装等过程。种子包衣法具有许多优点。种子包衣使用的药剂配方中可以包含杀菌剂、杀虫剂、植物生长调节剂，也可以含有肥料、微量元素等利于种子萌发与生长的营养物质；这些有效成分可以单独使用，也可以复合使用，与浸种或拌种所用药肥不同，种子包衣后这些成分能够在种子上立即固化成膜，在土中遇水溶胀，但不被溶解，不易脱落流失，具有更好的靶标施药性能；另外，种子包衣是一种隐蔽施药技术，对人、畜及天敌安全。

（三）粉尘法

喷粉技术是在温室、大棚等封闭空间里喷洒具有一定细度和分散度的粉尘剂，使粉粒在空间扩散、飞翔、飘浮形成飘尘，并能在空间飘浮相当长的时间，因而能在作物株冠层很好地扩散、穿透，产生比较均匀的沉积分布。粉尘的形成需要两个必要条件：一是要有一个相对稳定的空间，气流不发生剧烈的波动；二是粉粒的絮结度很低。在保护地特殊的封闭环境条件下，可以在不发生粉粒飘失的有利前提下充分发挥和利用粉粒的飘翔扩散效应，把粉剂的优越性最大限度地发挥出来。在保护地温室大棚内，使喷洒出去的粉剂形成飘尘，在空间内自由扩散、自由穿透浓密的作物株冠层，获得多方位的沉积分布效果。有研究表明，粉粒的飘翔时间如能维持在20分钟以上，其扩散分布和沉积状况很好，粉粒在作物上的沉积率可高达70%以上。粉尘法施药喷撒的粉尘剂粉粒细度要求在10微米以下。粉尘法的优点是工效高、不用水、省工省时、农药有效利用率高、不增加棚室湿度、防治效果好。但不可在露地使用，也不宜在作物苗期使用。

（四）撒粒法

对于毒性较高或者易挥发，不宜采用喷雾方法的农药品种，采用颗粒撒施法是较好的选择，无飘移，高毒农药低毒化，可控制药剂释放速度，施药时具靶标针对性，对作物安全。颗粒剂最早使用是从土壤消毒开始的，在颗粒撒施法的研究开发中，应用最广泛的还是土壤处理防治地下害虫和苗期蚜虫。5%毒死蜱颗粒剂全面撒施，对多种蔬菜作物的地下害虫均有很好的防治效果。随着大量新型内吸农药的开发成功，采用颗粒沟施方法防治苗期病虫害的应用作物和应用面积逐步扩大。在土壤线虫防治技术中，采用非熏蒸性杀线虫剂颗粒撒施是一种有效的方法，主要有三种撒施方法：为防治土壤中的大部分线虫，可以把非熏蒸性杀线虫剂颗粒（如克百威）均匀全面地撒施于土壤表面，和10～20毫米深的土混合，效果更好；如果作物是以每隔60毫米或更大间隔成行种植，在作物播种或移栽前，在播种行开25～30毫米宽的沟，把杀线虫剂颗粒撒施在沟内，覆土、播种，这样处理的农药用量可以节省1/2～3/4，是经济有效的杀线虫的方法；如果作物的株行距都很宽，用点施的方法可节省大量药剂，但比较费工费时。

（五）土壤处理法

土壤处理法分化学处理和物理处理两种方法。化学处理是采用适宜的施药方法把农药施到土壤表面或土壤表层中，对土壤进行药剂处理。土壤处理技术按操作方式和作用特点可分为土壤覆膜熏蒸消毒技术、土壤化学浇灌技术、土壤注射技术等。土壤化学浇灌技术是对浇灌系统进行改装，增加化学浇灌控制阀和贮药箱，把农药混入浇灌水施入土壤和农作物中的施药方法，可以用在温室大棚中除草剂、杀菌剂、杀虫剂和杀鼠剂的施用，也可以用于肥料的施用。化学灌溉技术系统需要装配回流控制阀，防止药液回流污染水源。对于土壤害虫和土传病害防治中常规喷雾方法很难奏效，采用土壤注射器把药剂注射进土壤里，不失为一种有效的方法。氯化苦（三氯硝基甲烷），易挥发，扩散性强，对真菌病害、细菌病害、线虫以及地下害虫均有防效。氯化苦土壤注射前，需要对土壤进行翻耕、平整，使土壤处于平、匀、松、润状态。氯化苦用注射设备注射到15～20毫米，注射点之间的距离为30毫米，每亩①地大概需要10 000个注射点孔，每个注射点注入量为2～3毫升，施药后用土封盖注射孔，随后用地膜覆盖，土壤温度25～30℃时盖膜7～10天，土壤温度10～15℃时盖膜10～15天。土壤消毒后，需要揭膜通风15天以上，确保安全。五氯硝基苯消毒，每平方米用75%五氯硝基苯4克、代森锌5克，混匀后，再与12千克细土拌匀，播种时下垫上盖，也可以每亩用70%五氯硝基苯粉剂2.5～5千克在畦上条施，然后翻入土壤。代森锌，每平方米施65%代森锌粉60克，拌匀后用薄膜覆盖2～3天，再揭去薄膜，药味挥发掉使用，或者用50%水溶代森锌350倍液，每平方米浇灌3千克稀释液。

物理处理法投入较低，对土壤性能影响小，不污染环境，是今后土壤处理的发展趋势之一。物理处理法之一是高温闷棚法，夏季，每亩用稻草1 000～2 000千克、生石灰20～60千克，深翻土地，浇足水，在晴朗无风的天气，用旧薄膜盖棚7天，通过高温防止病虫害的传播和发生。另一种物理处理法是低温冷冻

---

① 亩为我国非法定使用计量单位，15亩=1公顷。——编者注

法，冬季，将土壤深翻、灌水，让土壤裸露，在低温情况下，晚上冷冻结冰，白天解冰，持续7～10天，可以杀死越冬的虫卵和病原物，防止病虫害的发生。

（六）温室大棚硫黄电热熏蒸法

在有电源供应的条件下，可以在温室大棚安装电热熏蒸器，利用电热恒温加热部件和部分药剂的升华特性，使药剂升华、气化成极其微细的颗粒，药剂颗粒布满温室大棚，均匀沉积分布在植物叶片表面，保护植物免受病虫害的侵害。此方法简单易行，防治效果好，对草莓白粉病、番茄疫病等均有较好的防治效果。熏蒸温度是此项技术的关键，温度低影响熏蒸施药效果，温度过高，药剂在熏蒸过程中容易产生SO_2、SO、NO等有害气体，容易造成温室大棚植物出现药害。国内目前生产的熏蒸器都采用220伏交流电为电源，每台熏蒸器的功率在80瓦左右，温度控制范围设定在130～150℃。

（七）毒饵法

毒饵法是利用能引诱取食的有毒饵料诱杀有害生物的施药方法，具有使用方便、效率高、用量少、施药集中、不扩散污染环境等优点，适用于诱杀具有迁移活动能力的、咀嚼取食的有害动物，如害鼠、害鸟、蜗牛、蛞蝓、红火蚁等。根据毒饵的加工形状和使用方法可以把毒饵法分为固体毒饵法、液体毒饵法和毒饵喷雾法三种。对于有群集性以及喜欢隐蔽的害虫如蟋蟀等，把毒饵堆放在田间或有害动物出没的其他场所来诱杀；对于危害作物幼苗的地下害虫，如地老虎、蝼蛄等，顺着作物行间在植株基部地面上施用毒饵；对于害鼠和害鸟，将粒状毒饵撒施在一定的农田或草地范围内进行全面诱杀；对于飞翔性害虫，可将液态毒饵分装在敞口盆中，引诱其来取食中毒；还可以将液体毒饵涂布在纸条或其他材料上引诱害虫来舔食而中毒，如灭蝇纸等；把饵料和杀虫剂混在一起喷洒，利用害虫对饵料的取食习性，诱集杀死害虫，适用于大面积果园使用。

六、农药的安全使用

（一）农药选购

选购适用、质优的农药是保证安全、有效使用农药的前提。一般来说要注意两点，即对症买药和识别真伪。对症买药就是要按防治对象确定合适的用药品种、剂型，选择安全、高效、经济的农药。当有几种农药可同时使用时，要优先选择用量少、毒性低、在食品和环境中残留量低的品种。第二，选购农药时不可单看每袋农药的价格，而应考虑到单位面积的施药量、持效期、施用方法等多种因素。一般来讲，持效期长的农药，在整个生长季内施药的次数就少，农药消耗量低，从而降低了费用。此外，选用施用方法简便、能充分利用现有施药设备的药剂，也是减少农药浪费、降低费用的一个重要方面。最后，农药质量的优劣直接影响防治效果，也是安全、合理使用农药的前提条件。因此，在购买农药时，要注意从标签、产品外观等方面先对农药质量进行简易识别，查看产品的“三证”，即农药登记证、生产许可证、产品标准号，查看产品的名称、含量及剂型、使用范围、剂量和使用方法，查看产品的质量保证期、毒性标志、注意事项及生产者的厂名、地址、联系方式等。

农药的标签是农药使用的说明书，是购买和使用农药的最重要参考依据。规范的农药标签至少应包含名称、有效成分含量和剂型、批准证、性能、使用技术和使用方法、净含量、质量保证期、毒性标志、注意事项、中毒急救措施、贮存和运输方法、生产者的名称和地址、农药类别特征颜色标志带、象形图、其他内容等。

农药产品名称应在标签上的显著突出位置，书写在同一行（除因包装尺寸的限制无法同行书写，可以分行书写），字体、字号、颜色一致，不能是草书、篆书等不易识别的字体，不能有斜体、中空、阴影等形式对字体进行的修饰，字体颜色与背景颜色应有强烈的反差。

有效成分含量和剂型标注于农药名称的正下方（横版标签）或正左方（竖版标签）相邻位置，字体高度不小于农药名称的1/2。混配制剂包括总有效成分以及各种有效成分的通用名称和含量。

农药登记证号或农药临时登记证号、农药生产许可证号或农药生产批准文件号、产品标准号标注在有效成分含量之下的显著位置。

性能包括产品的基本性质、主要功能、作用特点等。

使用技术和使用方法包括使用作物或使用范围、防治对象以及使用时期、剂量、次数和方法等。用于大田作物时，使用剂量是每公顷使用该产品的制剂量，并在括号内标有亩用制剂量或稀释倍数；用于树木等，使用剂量是总有效成分量的浓度值（毫克/千克，毫克/升），并在括号内标有制剂稀释倍数；种子处理剂的使用剂量是农药与种子质量比。特殊使用的农药使用剂量是经农药登记批准的内容。

净含量是产品在每个农药容器中的净含量，标注在标签的显著位置，用国家法定计量单位克（g）、千克（kg）、吨（t）或毫升（ml）、升（L）、千升（kl）表示。

质量保证期一般以生产日期和质量保证期、产品批号和有效日期、产品批号和失效日期三种方式表示。

毒性标志分为剧毒、高毒、中等毒、低毒、微毒五个级别，分别用“骷髅头”标识和“剧毒”字样、骷髅头标识和高毒字样、“菱形交叉”标识和中等毒字样、“低毒”标识、微毒字样标注。标识是黑色，文字用红色。由剧毒、高毒农药原药加工的制剂产品，其毒性级别与原药的最高毒性级别不一致时，有括号标明所使用的原药的最高毒性级别。

注意事项包括以下内容：使用安全间隔期及农作物每个生产

周期的最多使用次数；农药限用的条件（包括时间、天气、温度、湿度、光照、土壤、地下水位等）、作物和地区；对后茬作物的影响，后茬能种植的作物或后茬不能种植的作物、间隔时间；引起药害或抗药性的原因和预防方法；对有益生物（如蜜蜂、鸟、蚕、蚯蚓、天敌及鱼、水蚤等水生生物）和环境容易产生的不利影响，使用时的预防措施；该农药与哪些农药物质不能混合使用；正确的开启方法；施用时应当采取的安全防护措施；施用器械的清洗要求、残剩药剂和废旧包装物的处理方法；禁止使用的作物或范围。

中毒急救措施包括中毒症状及误食、吸入、眼睛溅入、皮肤黏附农药后的急救和治疗措施。有些农药的产品标签还标有专用解毒剂、医疗建议和中毒急救咨询电话。

贮存和运输方法包括贮存时的光照、温度、湿度、通风等环境条件要求及装卸、运输时的注意事项。

标签上应有生产企业的名称、详细地址、邮政编码、联系电话等，进口产品应用中文注明其原产国（或地区）名称、生产者名称以及在我国的办事机构或代理机构的名称、地址、邮政编码、联系电话等。

标签底部有一条与底边平行的、不褪色的农药类别特征颜色标志带，以表示不同类别的农药（卫生用农药除外）。其中，除草剂用“除草剂”字样和绿色带表示；杀虫（螨、软体动物）剂用“杀虫剂”或“杀螨剂”、“杀软体动物剂”字样和红色带表示；杀菌（线虫）剂用“杀菌剂”或“杀线虫剂”字样和深黄色带表示；杀鼠剂用“杀鼠剂”字样和蓝色带表示。农药种类的描述文字镶嵌在标志带上，颜色与其形成明显反差。

辨别假劣农药，首先看包装标签和内容物，劣质农药的外包装印刷粗糙，粘贴不好，包装物污渍严重；乳油、超低量乳油和水剂、水溶液剂、微乳剂等混浊不清，有分层和沉淀的杂质，水乳剂、悬浮剂等严重分层，轻摇后倒置，底部仍有大量的沉淀物或结块，粉剂和可湿性粉剂结块严重，手摸有硬块，片状熏蒸剂粉末化，烟剂受潮严重等。其次，仔细阅读标签，对照标签的11项基本内容要求，检查各项内容是否全面，查阅《农药登记公告》，看标签上的登记证号与公告里的是否相同，厂家是否为同一个厂家，登记的使用作物和使用剂量是否和标签所标明的一样。

（二）安全操作

1. 防止农药中毒的安全措施　在使用农药前，应充分了解农药特性，并检修施药器械。应选择身体健康，有一定生产经验和农药知识的青壮年施药。老人、儿童、体质差的人，曾经有农药中毒史的人，在经期、孕期、哺乳期的妇女等，不能参加施药工作。施药人员应穿戴工作服、口罩、长裤等防护用品；对施用中等毒性农药或有刺激性（如对眼、皮肤等）的农药，要做好防范措施。应在远离住宅、畜禽圈、水源等处配制农药。在配药过程，防止药剂散落、飞扬或流洒等事故出现。在施药期间不能抽烟、吃食物、喝水，不能带药检修施药器械，应将药液倒入容器内，洗净后检修，不允许非施药人员进入施药现场；每天施药时间不宜超过5小时，连续施药不能超过5天。在保护地内施用带油熏蒸作用的药剂，应提高警惕。在施药结束后，施药人员应将药械清洗干净，先用清水冲洗手、皮肤、脸等裸露处，再用肥皂，并漱口，洗净工作衣、裤等物。剩余药液、洗药械或工作衣的残液、用完的农药包装物，应在远离水源处挖坑深埋。在施药地块上应插明显标志，在一定时间内禁止人、畜入内。若在施药过程，出现头晕、头痛、恶心等症状，应停止施药，脱去工作衣、裤，用清水洗净皮肤裸露处，并漱口，然后在有关人员陪同下去医院就诊，最好能告诉医生所用药械种类，便于对症治疗。

2. 防止产生药害的措施　对于新药或自己未使用过的药剂，或从技术资料上查到的农药使用方法，都应先进行小范围的药剂试验，取得经验后，再大面积使用。在施药过程中，应严格按照农药标签上的使用要求，正确进行操作，或在有经验的农技人员指导下施药。若不慎发生药害，可喷清水冲洗植株表面，设施内还需注意放风，排出药气，及时追施速效性肥料，中耕松土，促进植株恢复生长；并可根据引起药害的药剂特性，对症喷洒解症药剂，以缓解药害。

3. 减少环境污染、杀伤有益生物的措施 在施药过程，要避免杀伤有益生物。在天敌活动期（也就是害虫发生初中期），应选用对天敌杀伤力小的化学药剂，或在一些地块适当减少用药次数和用药量，保护天敌繁殖，也可选用生物性药剂防治害虫。

4. 农药的持效期和安全间隔期 农药的持效期，指农药施在动植物或其他物体表面，经过相当时期后，继续保持其对害虫或病原菌（或杂草）毒杀效力的时间。

安全间隔期指农药安全使用标准所规定的某种农药在作物上最后一次施药日期距作物收获日期之间的天数。

5. 国家禁止在蔬菜上使用的农药

（1）国家明令禁止使用的农药（23 种） 六六六，滴滴涕，毒杀芬，二溴氯丙烷，杀虫脒，二溴乙烷，除草醚，艾氏剂，狄氏剂，汞制剂，砷、铅类，敌枯双，氟乙酰胺，甘氟，毒鼠强，氟乙酸钠，毒鼠硅，甲胺磷，甲基对硫磷，对硫磷，久效磷，磷胺。

（2）在蔬菜、果树、茶叶、中草药材上不得使用和限制使用的农药（19 种） 禁止氧乐果在甘蓝上使用；禁止三氯杀螨醇和氰戊菊酯在茶树上使用；禁止丁酰肼（比久）在花生上使用；禁止特丁硫磷在甘蔗上使用；禁止甲拌磷，甲基异柳磷，特丁硫磷，甲基硫环磷，治螟磷，内吸磷，克百威，涕灭威，灭线磷，硫环磷，蝇毒磷，地虫硫磷，氯唑磷，苯线磷在蔬菜、果树、茶叶、中草药材上使用。

按照《农药管理条例》规定，任何农药产品都不得超出农药登记批准的使用范围使用。

（3）鉴于氟虫腈对甲壳类水生生物和蜜蜂具有高风险，在水和土壤中降解慢，按照《农药管理条例》的规定，根据我国农业生产实际，为保护农业生产安全、生态环境安全和农民利益，经全国农药登记评审委员会审议，现就加强氟虫腈管理的有关事项公告如下：

①自本公告发布之日起，除卫生用、玉米等部分旱田种子包衣剂和专供出口产品外，停止受理和批准用于其他方面含氟虫腈成分农药制剂的田间试验、农药登记（包括正式登记、临时登记、分装登记）和生产批准证书。

②自2009年4月1日起，除卫生用、玉米等部分旱田种子包衣剂和专供出口产品外，撤销已批准的用于其他方面含氟虫腈成分农药制剂的登记和（或）生产批准证书。同时，农药生产企业应当停止生产已撤销登记和生产批准证书的农药制剂。

③自2009年10月1日起，除卫生用、玉米等部分旱田种子包衣剂外，在我国境内停止销售和使用用于其他方面的含氟虫腈成分的农药制剂。农药生产企业和销售单位应当确保所销售的相关农药制剂使用安全，并妥善处置市场上剩余的相关农药制剂。

④专供出口含氟虫腈成分的农药制剂只能由氟虫腈原药生产企业生产。生产企业应当办理生产批准证书和专供出口的农药登记证或农药临时登记证。

⑤在我国境内生产氟虫腈原药的生产企业，其建设项目环境影响评价文件依法获得有审批权的环境保护行政主管部门同意后，方可申请办理农药登记和生产批准证书。已取得农药登记和生产批准证书的生产企业，要建立可追溯的氟虫腈生产、销售记录，不得将含有氟虫腈的产品销售给未在我国取得卫生用、玉米等部分旱田种子包衣剂农药登记和生产批准证书的生产企业。

6. 预防产生抗性的措施　加强抗药性检测力度，制订药剂使用计划。在抗性水平不同地区，采取不同对策。在未产生抗性地区，要加强药剂的早期抗性检测，重视轮换用药，保持药剂高效；在已经发生抗性，但水平不高的地区，要检测抗性的发生发展动态，采取抗性治理措施，延长药剂的使用寿命；在已经产生高抗的地区，要监测各类农药的抗性或敏感性水平，停用一些高抗药剂，保护一些尚属敏感的药剂，开发新的高效敏感药剂。避免一种药剂大面积使用，大面积防治可分块使用作用机理不一的农药。或者把两种或两种以上作用机理不同的农药混配使用，要混配合理，可达到提高药效、扩大杀虫范围、降低成本、减少用药量及用药次数、延缓抗药性产生的目的。严格掌握用药量及适宜的用药时期，除了农药种类、剂型、施用浓度的选用外，采用合适的施药方法，如拌种、滴心、涂茎、毒土、诱杀等隐蔽施药方法以及低容量喷雾或超低量喷雾等。

7. 混配农药的注意事项 先用足量的水配好一种农药，再用这种药液稀释其他农药，不能先混和药剂。遵循可湿性粉剂(先配成较浓母液再稀释)、悬浮剂、水剂、乳油顺序依次加入，不断搅拌。计算各有效成分在药液中的浓度，要以药液总量为依据。混配要有依据，认真参考有关资料和方法，确定适配农药，不能主观臆断，同时注意浓度不能过高，并应先做小面积试验。一般不提倡3种以上农药混用，并要注意防治对象不同的农药混用时，应考虑防治适期的一致。随配随用。要用河、塘等自然水，井水应抽好放置几天再用。

8. 农药的保管

（1）防挥发 由于大多数农药具有挥发性，贮存农药要注意施行密封措施，避免挥发降低药效，污染环境，危害人体健康。

（2）防事故 凡是农药都有不同程度的毒性，因此存放农药要注意防止发生事故：一是保管时最好存放在专柜或木箱中，并加锁，贴标签。二是农药不能与粮油、食物及动物的饲料等同室存放。三是乳油剂和烟熏剂农药不能和易燃易爆物品（如汽油、鞭炮等）放在一起，更不能存入卧室或畜禽舍内，特别注意不要放在儿童可接触的地方，以免发生事故。四是农药的纸包装物品和药瓶，绝不能用来盛粮食、食品和饲料。

（3）防农药标签或使用说明书丢失　农户购买的农药必须保存好农药标签及使用说明书，拆零购回的少量农药当时应写好标签贴在药瓶（袋）上，对标签已失落或标签模糊不清的农药，必须重新用纸写明品名、用法、用量、有效期限、使用范围，贴于瓶上或袋子上以备正确使用。

（4）防变质　农药一定分类存放。不能和碱性物质、碳铵、硝酸铵等同时存放在一起。

（5）防潮湿　保管存放农药的场所应当保持干燥（相对湿度在75%以下），严防潮湿。

（6）保持温度　温度越高，农药越容易融化、分解、挥发，甚至燃烧爆炸。有些瓶装液体农药当遇到低温后容易结冰，形成块状，或使瓶子冻裂。防高温农药应储存在阴凉、干燥、通风地方，储存温度不能高于35℃。防低温要注意防冻，保持温度在1℃以上。防冻的常用办法是用碎柴草、糠壳或不用的棉被覆盖保温。

（7）防光照日晒　用棕色瓶子装的农药一般需要避光保存，例如辛硫磷农药见光易分解。需避光保存的农药，若长期见光曝晒，就会引起农药分解变质和失效。例如乳剂农药经日晒后，乳化性能变差，药效降低，所以在保管时必须避免光照日晒。

（8）防环境污染　对已失效或剩余的少量农药不可在田间地头随地乱倒，更不能倒入池塘、小溪、河流或水井。应采取深埋处理，避免污染环境。

第四章 设施蔬菜常用药剂安全使用技术

目前市场销售的药剂种类繁多，即使同一药剂也有不同剂型、浓度、生产厂家等差异。而农业生产中常有不同种类的病虫害混合发生，即使针对同一病虫害的药剂防治，也应该注意选用不同类型的药剂进行交替轮换使用，避免单一药剂导致病虫害抗药性的上升。广大农户在选择及使用农药的过程中，缺乏对这些药剂的理化特性、防治对象等特性的了解，本章简单介绍常见的杀虫剂、杀螨剂、杀菌剂、杀线虫剂、植物生长调节剂等的理化特性、毒性、剂型、防治对象等基本知识。

第一节 杀虫剂安全使用技术

一、有机磷类杀虫剂

(一) 倍硫磷

理化性质：密度 1.25，熔点 7.5°C，沸点 87°C（1.33 帕），水溶性每百毫升 0.005 5 克。

毒性：中毒。

常用剂型：乳油。

防治对象和使用方法：蔬菜害虫的防治，菜青虫、菜蚜每亩用 50%乳油 50 毫升，对水 30～50 千克喷雾。

注意事项：对十字花科蔬菜的幼苗易产生药害；不能与碱性物质混用。皮肤接触中毒可用清水或碱性溶液冲洗，忌用高锰酸钾液；误服治疗可用硫酸阿托品，但不宜太快、太早服用，维持时间一般应 3～5 天。

（二）毒死蜱

理化性质：无色结晶，稍有硫醇气味，溶点 42.5～43℃，不溶于水，水中的溶解度为 2 毫克/升，易溶于苯、乙醚。

毒性：低毒，急性经口 LD_{50} 为 135～163 毫克/千克，急性经皮 LD_{50} 大于 2 000 毫克/千克。

常用剂型：乳油，颗粒剂，微乳剂。

防治对象和使用方法：蔬菜害虫的防治，菜青虫、小菜蛾、豆野螟每亩用 40.7%乳油 100～150 毫升，对水喷雾。

注意事项：不能与碱性农药混用；各种作物收获前应停止用药；发生中毒及时送医院治疗，可注射阿托品。

（三）亚胺硫磷

理化性质：无色结晶，工业品为灰白色结晶。具有特殊刺激性臭味，微溶于水，溶于多数有机溶剂。

毒性：中毒。

常用剂型：乳油，可湿性粉剂。

防治对象和使用方法：蔬菜害虫的防治，菜蚜每亩用 25%乳油 33 毫升，对水 30～50 千克喷雾。地老虎用 25%乳油 250 倍药液灌根。

注意事项：对蜜蜂有毒，喷药后不能放蜂，不能与碱性农药混用，中毒后解毒药剂可选用阿托品、解磷定等。

（四）敌百虫

理化性质：纯品为白色结晶，有醛类气味，熔点 83～84℃，沸点 100℃（13.33 千帕），水中溶解度（20℃）120 克/升，溶于大多有机溶剂，但不溶于脂肪烃和石油。

毒性：低毒，LD_{50}：小鼠经口 400～600 毫克/千克，大鼠经口 450～500 毫克/千克，小鼠经皮 1 700～1 900 毫克/千克。

常用剂型：粉剂，乳油。

防治对象和使用方法：用 90%敌百虫晶体 800～1 000 倍液，

可喷杀尺蠖、天蛾、卷叶蛾、粉虱、草地螟、茉莉叶螟、潜叶蝇、毒蛾、刺蛾、灯蛾、黏虫、桑毛虫等低龄幼虫。用麦糠8千克、90%敌百虫晶体0.5千克，混合拌制成毒饵，撒施在苗床上，可诱杀蝼蛄及地老虎幼虫等。

注意事项：不能与碱性药物配合或同时使用，不能超过治疗剂量，家禽不能用于驱虫。

（五）乐果

理化性质：白色结晶，具有樟脑气味，熔点51～52℃，沸点86℃（1.33帕），在水溶液中稳定，但遇碱液时容易水解，加热转化为甲硫基异构体。对日光稳定。

毒性：中毒，急性经口LD_{50}为320～380毫克/千克，急性经皮LD_{50}为700～1 150毫克/千克。

常用剂型：乳油。

防治对象和使用方法：蔬菜害虫的防治，菜蚜、茄子、红蜘蛛、葱蓟马、豌豆潜叶蝇，每亩用40%乳油50毫升，对水60～80千克喷雾。

注意事项：蔬菜在收获前不要使用，中毒可用生理盐水反复洗胃，解毒剂为阿托品，禁用高锰酸钾洗胃。

（六）辛硫磷

理化性质：纯品为浅黄色油状液体，熔点：5～6℃，密度：1.176，不溶于水，溶于丙酮、芳烃等化合物。

毒性：对人、畜低毒，LD_{50}：急性经口2 170毫克/千克，急性经皮1 000毫克/千克。

常用剂型：乳油，颗粒剂。

防治对象和使用方法：一般每亩用50%乳油1 000～2 000倍液，对水50升喷雾，防治红蜘蛛，小菜蛾，菜螟，菜青虫等。

注意事项：不能与碱性物质混合使用，黄瓜、菜豆对辛硫磷敏感，易产生药害，见光易分解，田间使用最好在夜晚或傍晚进行。

二、拟除虫菊酯类杀虫剂

（一）氯氟氰菊酯

理化性质：黄色至棕色黏稠油状液体（工业品），熔点49.2℃，沸点187～190℃（2.67帕），难溶于水，可溶于多种普通有机溶剂，酸性溶液中稳定，在碱性溶液中易分解。

毒性：中毒，急性经口 LD_{50} 为79毫克/千克，急性经皮 LD_{50} 为632毫克/千克。

常用剂型：可湿性粉剂，乳油，水乳剂。

防治对象和使用方法：防治小菜蛾、菜青虫、甜菜夜蛾、斜纹夜蛾、烟青虫、菜螟等抗性害虫，在1～2龄幼虫发生期，每亩用2.5%乳油20～40毫升，对水50千克喷雾。防治菜蚜、瓜蚜，每亩用2.5%乳油15～20毫升，加水50千克喷雾。防治茄子叶螨、辣椒跗线螨，每亩用2.5%乳油30～50毫升，加水50千克喷雾。

注意事项：不可与碱性农药混用，也不可做土壤处理剂；氯氟氰菊酯对鱼、虾、蜜蜂、家蚕高毒，在使用时应防止污染鱼塘、河流、蜂场、桑园，收获前21天停用。

（二）氯氰菊酯

理化性质：棕黄色黏稠状液体，具轻微化学品气味。难溶于水，溶于酮类、醇类及芳烃类有机溶剂。遇碱分解，热稳定性良好，日光下稳定，常温贮存稳定性2年以上。

毒性：对人、畜、鸟类毒性较低，大鼠急性经口 LD_{50} 为649毫克/千克，急性经皮 LD_{50} >5 000毫克/千克。

常用剂型：乳油。

防治对象和使用方法：①防治菜青虫，于3龄幼虫始发期，每亩用10%乳油15～40毫升对水2 000～6 000倍液，喷雾，此剂量还可防治菜蚜、菜螟、豆荚螟；对钻蛀性害虫施药，应掌握在害虫蛀进之前。②防治小菜蛾，3龄幼虫前，每亩用10%乳油

30～40毫升对水2 000～5 000倍药液，均匀喷雾。③防治黄守瓜，在发生期每亩用10%乳油50毫升对水1 500～3 000倍液喷雾，此剂量同时可防治黄曲条跳甲、烟青虫、葱蓟马、斜纹夜蛾等。

注意事项：氯氰菊酯对鱼类、蜜蜂、蚕有毒，不可污染水域及饲养蜂场、蚕场。

（三）溴氰菊酯

理化性质：纯品为白色斜方晶系针状结晶，几乎不溶于水，但可溶于多种有机溶剂，对光及空气较稳定。

毒性：对人、畜毒性中等，急性毒性138.7毫克/千克（大鼠经口），4 640毫克/千克（大鼠经皮）。

常用剂型：乳油，可湿性粉剂。

防治对象和使用方法：一般亩用有效成分0.5～1克，防治各种蚜虫、菜青虫、小菜蛾、斜纹夜蛾、甜菜夜蛾、黄守瓜、黄条跳甲等。

注意事项：在气温低时防效更好，因此使用时应避开高温天气；喷药要均匀周到；不可与碱性物质混用，以免降低药效；安全间隔期，叶菜类收获前15天禁用此药。

（四）氯菊酯

理化性质：纯品为固体，原药为棕黄色黏稠液体或半固体。相对密度1.21（20℃），在酸性和中性条件下稳定，在碱性介质中分解，药剂耐雨水冲刷。

毒性：低毒，急性经口LD_{50}为1 200～2 000毫克/千克，急性经皮LD_{50}＞2 000毫克/千克。

常用剂型：乳油。

防治对象和使用方法：防治菜青虫、小菜蛾，于3龄前进行，用10%乳油1 000～2 000倍液喷雾，同时可兼治菜蚜。

注意事项：不要与碱性物质混用；贮运时防止潮湿、日晒；有的制剂易燃，不能近火源；不要污染鱼塘、蜂场、桑园；在使用过程中，如有药液溅到皮肤上，立即用肥皂和水清洗；如药液溅眼睛，立即用大量水冲洗。如误服应尽快送医院，进行对症治疗。

（五）戊菊酯

理化性质：原药为褐色黏稠液体，比重1.26（26℃），沸点大于200℃（133帕），熔点59.0～60.2℃，几乎不溶于水，易溶于二甲苯、丙酮、氯仿等有机溶剂。

毒性：中毒，大鼠急性经口LD_{50}为451毫克/千克，大鼠急性经皮LD_{50}>5 000毫克/千克。

常用剂型：乳油。

防治对象和使用方法：防治菜青虫2～3龄幼虫，发生期施药，每亩用20%乳油10～25毫升。防治小菜蛾，在3龄幼虫前用20%乳油15～30毫升/亩进行防治。

注意事项：不要与碱性农药等物质混用；对蜜蜂、鱼、虾、家蚕等毒性高，使用时注意不要污染河流、池塘、桑园、养蜂场所；在害虫、害螨并发的作物上使用此药，由于对螨无效，对天敌毒性高，易造成害螨猖獗，所以要配合杀螨剂；在使用过程中如药液溅到皮肤上，应立即用肥皂清洗，如药溅到眼中，应立即用大量清水冲洗。如误食，可用促吐、洗胃治疗，对全身中毒初期患者，可用二苯甘醇酰脲或乙基巴比特对症治疗。

（六）氟氯氰菊酯

理化性质：纯品为黏稠部分结晶的琥珀色油状物，熔点60℃。

毒性：中毒，大鼠急性经口LD_{50}约500毫克/千克，小鼠450毫克/千克。大鼠90天饲喂试验，无作用剂量125毫克/千克。

常用剂型：乳油。

防治对象和使用方法：防治菜粉蝶、菜青虫、美洲黏虫、马铃薯甲虫、蚜虫、玉米螟、地老虎等害虫，剂量为0.0125～

0.05 千克/公顷（以有效成分计）。

注意事项：本品对蜜蜂、鱼、虾、家蚕毒性高，施药完成后应用大量清水和肥皂清洗身体接触过的部位。

三、氨基甲酸酯类杀虫剂

（一）抗蚜威

理化性质：白色无臭结晶体。熔点 90.5℃，蒸气压 4×10^{-3} 帕（30℃）。能溶于醇、酮、酯、芳烃、氯化烃等多种有机溶剂。遇强酸、强碱或紫外光照射易分解。在一般条件下贮存较稳定，对一般金属设备不腐蚀。

毒性：中毒，大鼠急性经口 LD_{50} 为 68～147 毫克/千克，小鼠为 107 毫克/千克，大鼠急性经皮 LD_{50} ＞500 毫克/千克。

常用剂型：可湿性粉剂。

防治对象和使用方法：防治蔬菜蚜虫每亩用 50％可湿性粉 10～18g，对水 30～50 千克喷雾。

注意事项：药效与温度有关，20℃以上有熏蒸作用，15℃以下以触杀作用为主，同一作物一季内最多施药 3 次，间隔期为 10 天。本品必须用金属容器盛装。

（二）灭多威

理化性质：微黄色晶体，原药为无色结晶或白色固体粉末，稍带硫黄臭味，熔点 78～79℃，25℃时水中的溶解度为 58 克/千克。

毒性：高毒，急性经口 LD_{50}：大鼠为 17 毫克/千克；急性经皮 LD_{50}：兔＞130 毫克/千克。

常用剂型：乳油，水剂，可湿性粉剂。

防治对象和使用方法：用 20％乳油 50～60 毫升，对水 15 千克喷雾，可有效防治菜青虫、桃蚜、小菜蛾。

注意事项：挥发性强，有风天气不要喷药，以免飘移，引起中毒；易燃，应远离火源；不要与碱性物质混用；中毒应马上送医院治疗，解毒药为阿托品，严禁使用吗啡和解磷定。

（三）丁硫克百威

理化性质：水中溶解度0.3毫克/升（25℃），能与多种有机溶剂混溶，在中性或弱碱性条件下稳定，在酸性条件下不稳定。

毒性：中毒。

常用剂型：乳油。

防治对象和使用方法：防治蓟马、蚜虫、白粉虱1 000～1 500倍液喷雾，地下害虫1 500倍液喷雾。

注意事项：本品不能与酸性或强碱性物质混用，但可与中性物质混用。切忌误食，如果遇急性中毒，可用阿托品解毒，或送医院治疗。存放于阴凉干燥处，应避光、防水、避火源。喷洒时力求均匀周到，尤其是主靶标。

四、沙蚕毒素类杀虫剂

（一）杀螟丹

理化性质：杀螟丹通常制成盐酸盐，外观白色晶体，有轻微奇臭味。易溶于水，易吸水分解，在酸性介质中稳定，在碱性介质中不稳定，对铁等金属有腐蚀性。

毒性：中毒。

常用剂型：可湿性粉剂。

防治对象和使用方法：防治小菜蛾、菜青虫，每亩用50%可溶性粉25～50克，对水50～60千克喷雾。

注意事项：十字花科蔬菜幼苗对该药敏感，使用时小心。若中毒，应立即洗胃。

（二）杀虫单

理化性质：白色至微黄色粉状固体，熔点142～143℃，无可见外来杂质。易溶于水，易溶于工业乙醇，微溶于甲醇等有机溶剂。在强酸、强碱条件下能水解为沙蚕毒素。

毒性：中毒。

常用剂型：可溶性粉剂，颗粒剂。

防治对象和使用方法：防治菜青虫、小菜蛾等，每亩用90%杀虫单原粉35～50克对水均匀喷雾。

注意事项：本品对家蚕剧毒，使用时应特别小心，防止污染桑叶及蚕具等；对棉花、某些豆类敏感，不能在此类作物上使用；不能与强酸、强碱性物质混用。

（三）杀虫双

理化性质：纯品为白色结晶，工业品为茶褐色或棕红色单水溶液，有特殊臭味，易吸潮，易溶于水，在中性及偏碱条件下稳定，在酸性下会分解，在常温下亦稳定。

毒性：中毒。

常用剂型：水剂。

防治对象和使用方法：防治菜青虫、小菜蛾，在幼虫2～3龄盛期前，每亩用25%杀虫双水剂100～150毫升，对水喷雾。防治小菜蛾，与Bt混用效果更好，亩用25%杀虫双水剂150毫升加Bt 200毫升，对水喷雾。防治茭白螟虫，在卵孵盛末期亩用18%水剂150～250毫升，加水50千克喷雾或18%水剂500倍液灌心。

注意事项：夏季高温时有药害，使用时应小心。

（四）杀虫环

理化性质：无色无味晶体，不溶于煤油。能溶于苯、甲苯和松节油等溶剂，微溶于水。

毒性：中毒。

常用剂型：可湿性粉剂。

防治对象和使用方法：防治菜蚜、菜青虫、小菜蛾幼虫、甘蓝夜蛾幼虫、螨类等，用50%可湿粉剂对水稀释后喷雾，每公顷用可湿粉剂600～750克，对水750千克。

注意事项：在豆类蔬菜上不宜使用本剂；可与速效杀虫农药混用，以提高击倒力；对家蚕毒力大。

五、新烟碱类杀虫剂

（一）吡虫啉

理化性质：无色晶体，有微弱气味，熔点 143.8℃（晶体形式 1）、136.4℃（形式 2），蒸气压 0.2 微帕（20℃），密度 1.543（20℃），溶解度水 0.51 克/升（20℃），pH 15～11 稳定。

毒性：低毒。

常用剂型：可湿性粉剂，乳油，胶饵，可溶性粉剂。

防治对象和使用方法：用 10%可湿性粉剂 10～15 克喷雾，防治菜蚜，粉虱、斑潜蝇。

注意事项：本品不可与碱性农药或物质混用；使用过程中不可污染养蜂、养蚕场所及相关水源；适期用药，收获前两周禁止用药。

（二）啶虫脒

理化性质：外观为白色晶体，熔点 101.0～103.3℃，蒸气压>1.33×10^{-6}帕（25℃）。25℃时在水中的溶解度 4 200 毫克/升。在 pH7 的水中稳定，pH9 时，于 45℃逐渐水解；在日光下稳定。

毒性：中毒。

常用剂型：乳油，可湿性粉剂，可溶性粉剂，微乳剂。

防治对象和使用方法：5%可湿性粉剂 20～30 克喷雾，防治蔬菜蚜虫、飞虱、蓟马、烟粉虱，部分鳞翅目害虫等。

注意事项：剂对桑蚕有毒性，切勿喷洒到桑叶上；不可与强碱性药液混用。

（三）噻虫嗪

理化性质：白色结晶粉末。熔点 139.1℃，蒸气压：6.6×10^{-9}帕（25℃）。

毒性：低毒。

常用剂型：水分散粒剂。

防治对象和使用方法：防治菜蚜，用25%水分散粒剂7～15克喷雾；治黄曲条跳甲，用10～15毫升喷雾防。

注意事项：避免在低于－10℃和高于35℃条件下贮藏，对蜜蜂有毒。

六、昆虫生长调节剂类杀虫剂

（一）除虫脲

理化性质：纯品为白色结晶，原粉为白色至黄色结晶粉末。不溶于水，难溶于大多数有机溶剂。对光、热比较稳定，遇碱易分解，在酸性和中性介质中稳定。

毒性：低毒。

常用剂型：悬浮剂，可湿性粉剂，乳油。

防治对象和使用方法：防治菜青虫，用25%可湿性粉剂57～60克，喷雾。

注意事项：在幼龄期施药效果最佳；药液不要与碱性物接触，以防分解；蜜蜂和蚕对本剂敏感。

（二）灭幼脲

理化性质：纯品为白色结晶，熔点199～201℃，不溶于水，在100毫升丙酮中能溶解1克，易溶于N，N-二甲基甲酰胺和吡啶等有机溶剂，遇碱和较强的酸易分解，常温下贮存稳定，对光热较稳定。

毒性：低毒。

常用剂型：悬浮剂。

防治对象和使用方法：防治菜青虫、小菜蛾、甘蓝夜蛾等害虫，用25%悬浮剂2 000～2 500倍液均匀喷雾。

注意事项：在2龄前幼虫期进行防治效果最好；忌与速效性杀虫剂混配，不能与碱性物质混用。

（三）氟啶脲

理化性质：白色结晶，熔点226.5℃（分解），蒸气压＜10

纳帕（20℃），20℃时溶解度（水）＜0.01毫克/升，在光和热下稳定。

毒性：低毒。

常用剂型：乳油。

防治对象和使用方法：防治菜粉蝶，斜纹夜蛾等，用5%乳油40～80毫升，喷雾。

注意事项：在低龄幼虫期使用；本剂无内吸传导作用，施药必须均匀周到。本品对蜜蜂、鱼类等水生生物、家蚕有毒。

（四）抑食肼

理化性质：纯品为白色或无色晶体，无味，熔点174～176℃，蒸气压0.24毫帕（25℃）。溶解度：水约50毫克/升。

毒性：中毒。

常用剂型：可湿性粉剂，胶悬剂，颗粒剂。

防治对象和使用方法：防治叶菜类菜青虫、斜纹夜蛾，每公顷用150～195克喷雾，防治小菜蛾的用量为每公顷240～375克；20%悬浮剂防治甘蓝菜青虫时，用量为每公顷195～300克。

注意事项：在害虫发生初期用药，蔬菜收获前10天内禁止施药。不可与碱性物质混用。

（五）噻嗪酮

理化性质：白色晶体（工业品为白色至浅黄色晶状粉末），熔点：104.5～105.5℃，水中溶解度为9毫克/升（20℃），对酸和碱稳定，对光和热稳定。

毒性：低毒。

常用剂型：可湿性粉剂，乳油。

防治对象和使用方法：防治白粉虱等用25%可湿粉1 500～2 000倍液喷雾。

注意事项：宜在白菜、萝卜上使用，否则易出现药害。也不能用毒土法使用本剂续两次使用本剂的间隔天数为20～30天。应密封后，在阴凉干燥、避光处贮存。

(六) 灭蝇胺

理化性质：淡黄色固体，熔点：219～223℃，蒸气压>0.13毫帕（20℃）。水中溶解 11 000 毫克/升（pH7.5，20℃），稍溶于甲醇和乙醇。310℃以下稳定。

毒性：低毒。

常用剂型：悬浮剂，可湿性粉剂，可溶性粉机。

防治对象和使用方法：防治斑潜蝇，用 20%可溶粉剂 50～75 克，喷雾。

注意事项：在发现潜道时施药。

七、其他化学合成杀虫剂

(一) 吡蚜酮

理化性质：白色结晶粉末，熔点 217℃，水中溶解度 0.27 克/升（20℃），对光、热稳定，弱酸弱碱条件下稳定。

毒性：低毒。

常用剂型：悬浮剂。

防治对象和使用方法：防治蔬菜蚜虫、温室粉虱，亩用药 5 克。

注意事项：喷雾时要均匀周到，尤其对目标害虫的危害部位。

(二) 虫螨腈

理化性质：纯品为白色固体。熔点 91～92℃，能溶于丙酮、乙醚、二甲亚砜、四氢呋喃、乙腈、醇类等有机溶剂，不溶于水。

毒性：低毒。

常用剂型：悬浮剂。

防治对象和使用方法：防治小菜蛾、菜青虫、甜菜夜蛾、斜纹夜蛾、菜螟、菜蚜、斑潜蝇、蓟马等多种蔬菜害虫，低龄幼虫期或虫口密度较低时每公顷用 10%悬浮剂 450 毫升，虫龄较高或虫口密度较大时每公顷用600～750毫升，加水喷雾。每茬菜最多可喷2次，间隔10天左右。

注意事项：每茬菜最多只允许使用2次，以免产生抗药性；在十字花科蔬菜上的安全间隔期暂定为14天。本品对鱼有毒，不要将药液直接撒到水及水源处。

（三）茚虫威（安打）

理化性质：悬浮剂为白色液体，密度1.039，常温下贮存稳定。

毒性：低毒。

常用剂型：悬浮剂。

防治对象和使用方法：防治小菜蛾、菜青虫，在2～3龄幼虫期，每亩用30%安打水分散粒剂4.4～8.8克或15%安打悬浮剂8.8～13.3毫升对水喷雾；防治甜菜夜蛾，低龄幼虫期每亩用15%安打悬浮剂8.8～17.6毫升对水喷雾。根据害虫危害的严重程度，可连续施药2～3次，每次间隔5～7天。清晨、傍晚施药效果更佳。

注意事项：施用安打后，害虫从接触到药液或食用含有药液的叶片到其死亡会有一段时间，但害虫此时已停止对作物取食和危害。安打需与不同作用机理的杀虫剂交替使用，每季作物上建议使用不超过3次，以避免产生抗性。药液配制时，先配置成母液，再加入药桶中，充分搅拌。配制好的药液要及时喷施，避免长久放置。应使用足够的喷液量，以确保作物叶片的正反面能被均匀喷施。

（四）氯虫苯甲酰胺

理化性质：纯品外观为白色结晶，熔点208～210℃，分解温度330℃。

毒性：低毒。

常用剂型：悬浮剂，水分散粒剂。

防治对象和使用方法：防治小菜蛾，甜菜夜蛾，用5%悬浮剂 30～35 毫升，喷雾。

注意事项：对家蚕高毒，稻桑混作区要注意安全用药。

（五）氰氟虫腙

理化性质：原药呈白色晶体粉末状，熔点 190℃，水中溶解度小于 0.5 毫克/升，在水中光解迅速，在有空气时光解迅速。

毒性：低毒。

常用剂型：悬浮剂。

防治对象和使用方法：防治蔬菜，小菜蛾，粉蝶、甘蓝夜蛾、小菜蛾、菜心野螟，用 24%悬浮剂 70～80 毫升，喷雾。

注意事项：严重及持续的害虫侵害压力下，在第一次施药 7～10 天后，需要进行第二次施药，以保证对害虫的彻底防治。氰氟虫腙与现有的杀虫剂无交互抗性。

（六）双甲脒

理化性质：乳油外观为黄色液体，闪点 28℃，易燃易爆，在中性液体中较稳定，遇强酸或强碱不稳定，在潮湿条件下存放，会缓慢分解。

毒性：低毒。

常用剂型：乳油。

防治对象和使用方法：防治茄子、豆类红蜘蛛，用 20%乳油 1 000～2 000 倍液喷雾。防治西瓜、冬瓜红蜘蛛，用 20%乳油 2 000～3 000 倍液喷雾。

注意事项：不要与碱性农药混合使用；在气温低于 25℃以下使用，药效发挥作用较慢，药效较低，高温天晴时使用药效高。在推荐使用的浓度范围内，对棉花、柑橘、茶树和苹果无药害，对天敌及蜜蜂较安全。

八、微生物源杀虫剂

（一）苏云金杆菌

理化性质：原药为黄褐色固体，是一种细菌杀虫剂，属好气性蜡状芽孢杆菌群，在芽孢内产生伴孢晶体。

毒性：低毒。

常用剂型：可湿性粉剂，悬浮剂。

防治对象和使用方法：防治菜青虫，在卵孵化盛期每亩用8 000国际单位/毫克可湿性粉剂50～100克；防治小菜娥，在低龄幼虫高峰期用8 000国际单位/毫克可湿性粉剂100～150克，或用2 000国际单位/微升悬浮剂150～200毫升，对水均匀喷雾。

注意事项：用于防治鳞翅目害虫的幼虫，施用期比使用化学农药提前2～3天，对害虫的低龄幼虫效果好，30℃以上施药效果最好。不能与内吸性有机磷杀虫剂或杀菌剂混合使用。本品对蚕毒力很强，在养蚕地区使用时，必须注意勿与蚕接触，施药区与养蚕区一定要保持一定距离，以免使蚕中毒死亡。

（二）阿维菌素

理化性质：原药精粉为白色或黄色结晶，蒸气压＜200纳帕，熔点150～155℃，21℃时在水中溶解度7.8微克/升，常温下不易分解。

毒性：原药高毒，制剂低毒。

常用剂型：乳油，可湿性粉剂，高渗微乳油。

防治对象和使用方法：防治小菜蛾、菜青虫，在低龄幼虫期使用1 000～1 500倍2%阿维菌素乳油＋1 000倍1%甲维盐，可有效地控制其危害；防治金纹细蛾、潜叶蛾、潜叶蝇、美洲斑潜蝇和蔬菜白粉虱等害虫，在卵孵化盛期和幼虫发生期用3 000～5 000倍1.8%阿维菌素乳油＋1 000倍高氯喷雾；防治甜菜夜蛾，用1 000倍1.8%阿维菌素乳油；防治蔬菜根结线虫病，按每亩用500毫升。

注意事项：对鱼、家蚕、蜜蜂高毒，最后一次施药距收获期20天。

（三）多杀霉素

理化性质：悬浮剂外观为白色液体，pH7.4～7.8，水中溶解度235毫克/升（pH7）；能以任意比例与醇类、脂肪烃、芳香烃、卤代烃、酯类、醚类和酮类混溶，见光易分解，水解较快。

毒性：低毒。

常用剂型：悬浮剂。

防治对象和使用方法：防治小菜蛾，在低龄幼虫盛发期用2.5%悬浮剂1 000～1 500倍液均匀喷雾，或每亩用2.5%悬浮剂33～50毫升对水20～50千克喷雾；防治甜菜夜蛾，于低龄幼虫期，每亩用2.5%悬浮剂50～100毫升对水喷雾，傍晚施药效果最好；防治蓟马，于发生期每亩用2.5%悬浮剂33～50毫升对水喷雾，或用2.5%悬浮剂1 000～1 500倍液均匀喷雾，重点在幼嫩组织如花、幼果、顶尖及嫩梢等部位。

注意事项：对鱼或其他水生生物有毒，应避免污染水源和池塘等。最后一次施药离收获的时间为7天。避免喷药后24小时内遇降雨。

九、植物源杀虫剂

（一）印楝素

理化性质：纯品为白色针状或粉末状固体，无臭，味极苦，遇酸、碱、光易分解。

毒性：低毒。

常用剂型：乳油。

防治对象和使用方法：用乳油对水稀释喷雾。在羽衣甘蓝上小菜蛾发生初期，用400～500倍液防治；在大头菜上小菜蛾幼虫和菜青虫发生初期（1～2龄），用800～1 500倍液喷雾，每公顷喷药液900千克。用600～1 500倍液，可防治菜青虫、小菜蛾幼虫、甘蓝夜蛾幼虫、斜纹夜蛾幼虫、甜菜夜蛾幼虫等。

注意事项：宜与碱性药剂混用。使用时，按喷液量加0.03%的洗衣粉，可提高防治效果。对蚜茧蜂、六斑瓢虫、尖臀瓢虫等有较强的杀伤力。

（二）苦皮藤素

理化性质：原药外观为深褐色均质液体，不溶于水，易溶于芳烃、乙酸乙酯等中等极性溶剂，在中性或酸性介质中稳定，强碱条件下易分解，制剂外观为棕黑色液体。

毒性：低毒。

常用剂型：乳油。

防治对象和使用方法：每亩用100毫升对水50～60千克，叶面或全株喷细雾至滴珠，用于蔬菜作物驱杀菜青虫、小菜蛾、蚜虫等。

（三）鱼藤酮

理化性质：无色斜方片状结晶，熔点165～166℃，不溶于水，溶于醇、丙酮、氯仿、四氯化碳、乙醚等。易氧化。

毒性：低毒。

常用剂型：乳油，粉剂。

防治对象和使用方法：25%鱼藤酮乳油防治蚜虫、黄条跳甲、蓟马、黄守瓜、猿叶虫、菜青虫等。

注意事项：见光易分解，残留极少，与明火或灼热物体接触时能产生剧毒的光气。

第二节 杀螨剂安全使用技术

螨类属于蜘蛛纲，有些农药对螨类特别有效，而对昆虫纲的害虫毒力相对较差或无效，此类农药特称为杀螨剂。危害蔬菜的螨类主要有红蜘蛛、侧多食跗线螨、茶黄螨和二斑叶螨等。本节介绍了几种生产上主要杀螨剂的种类、制剂、生长厂及在蔬菜上的安全使用方法。

(一) 阿维菌素

作用特点：对螨有胃毒和触杀作用，并有微弱的熏蒸作用，无内吸性，残效期长，不能杀卵；螨成、若虫中毒后，麻痹，不活动，停止取食，2～3天后死亡。

制剂 3%、5%水乳剂，5%悬浮剂，0.2%乳油等。

防治对象与使用技术：可防治蔬菜上多种叶螨。在红蜘蛛点片发生时，每亩用1.8%阿维菌素乳油30～40毫升，对水100千克喷雾，即稀释2 000～3 000倍，残效期30天左右。

注意事项：最好一次施药距蔬菜收获不少于7天；避免将药剂存于高温或靠近明火处。

(二) 噻螨酮

作用特点：噻螨酮是新型噻唑烷酮类低毒杀螨剂。对植物表皮有较好的穿透性，但无内吸传导作用。对叶螨有较强杀卵、杀幼虫螨特性，对成螨无效。持效期可保持50天左右。

制剂：5%乳油。

防治对象与使用技术：噻螨酮适用于防治蔬菜上的多种叶螨。当田间零星发现叶螨危害时即用5%乳油或5%可湿性粉剂1 500～2 000倍液喷雾。

注意事项：对成螨无效，使用时应掌握防治适期；可与波尔多液、石硫合剂混用；本剂残效期长，每生长季节最多使用一次；本剂无内吸传导作用，喷药时要均匀周到；一般在施药后10天左右，即能看到药剂的效果，所以施药应掌握适期偏早的原则。

(三) 哒螨灵

作用特点：哒螨灵属光谱类杀螨剂。该剂触杀性强，无内吸传导和熏蒸作用。持效期长达1～2个月。

制剂：10%、15%乳油，10%烟剂，15%水剂等。

防治对象与使用技术：对蔬菜上的叶螨、全爪螨、跗线螨、绣螨和瘿螨的各个生育期（卵、幼螨、若螨和成螨）均有较好的效果。防治保护地茄子红蜘蛛时，每亩用10%哒螨灵烟剂400～600克，傍晚收工前将保护地密闭熏烟；防治瓜类害螨，用15%乳油或20%可湿性粉剂稀释3 000～5 000倍喷雾。

注意事项：不能与波尔多液等碱性农药混用。本剂系触杀作用，施药时叶的正反两面均应喷洒均匀；本剂一年最好只用药一次；对鱼虾、家蚕及蜜蜂有毒；使用时要避免污染河流、水塘和鱼塘、蜜源作物、蚕桑。

（四）浏阳霉素

作用特点：浏阳霉素是经生物发酵由灰色链霉菌浏阳变种所产生的杀螨抗生素，对蔬菜上的叶螨有良好的触杀作用，对卵有一定的抑制作用。与一些有机磷或氨基甲酸酯农药复配，有增效作用。

制剂 10%浏阳霉素乳油。

防治对象与使用技术：防治豆角红蜘蛛、茄子害螨时，可在若螨发生盛期用10%乳油1 000～2 000倍液喷雾，持效期达10天左右。

注意事项：该药为触杀性杀螨剂，无内吸性，使用时务必均匀周到；该药剂应现配现用，可与多种杀虫、杀菌剂混用，但与波尔多液等强碱性物质混用时，须先试验；该药对鱼有毒，使用时避免污染水源；该药对眼睛有刺激作用，发生意外应及时用清水冲洗并就医。

（五）溴螨酯

作用特点：溴螨酯属低毒广谱杀螨剂，触杀性强，无内吸性，对成螨、若螨和卵均有一定的杀伤作用。持效期长，药效不受温度变化的影响。

制剂 50%乳油。

防治对象与使用技术：溴螨酯适用于蔬菜螨类防治，该药与三氯杀螨醇有交互抗性。防治各类蔬菜叶螨，可在成螨、若螨发生盛期，平均每叶螨数3头左右，每亩用50%乳油3 000～4 000

倍均匀喷雾。

注意事项：害螨对该药剂和三氯杀螨醇有交互抗性，使用时应注意；在蔬菜采摘期不可施药；每次喷药间隔不少于30天。

（六）双甲脒

作用特点：对害螨有胃毒和触杀作用，也具有熏蒸、拒食和趋避作用。对若螨、夏卵有效，对冬卵无效。可用于防治对其他杀螨剂有抗药性的螨。

制剂：10%、12.5%、20%乳油。

防治对象与使用技术：双甲脒在用于茄子、豆类红蜘蛛防治时，可在若螨发生盛期，平均每叶螨数2～3头左右，每亩用20%乳油1 000～2 000倍液均匀喷雾。

注意事项：不宜和碱性农药如波尔多液和石硫合剂混用；在高温下，该药剂对辣椒幼苗有药害，使用时应注意。

第三节 杀菌剂安全使用技术

杀菌剂的使用是防治植物病害的有效措施。杀菌剂对病原菌的毒力表现为杀菌作用和抑菌作用两种方式。本节主要介绍设施蔬菜上常用的杀菌剂的理化性质、毒性、生物活性、常用剂型、防治对象以及注意事项等情况。

一、含铜杀菌剂

（一）波尔多液

理化性质：不溶于水，也不溶于有机溶剂，可溶于氨水，形成铜铵化合物。

毒性：低毒，对蜜蜂无毒，对鱼有一定的毒性。

生物活性：波尔多液的主要杀菌成分是碱式硫酸铜，碱式硫酸铜的水溶性很小，可溶性铜离子少，对作物安全，但可溶性铜离子又是对病原菌起防治作用的活性物质。研究证明，波尔多液喷洒在植物上后，会慢慢产生可溶性铜离子发挥杀菌作用。波尔多液的最大优点是悬浮在水中的碱式硫酸铜颗粒极其微细，黏着力强，喷施于作物表面，可形成较为牢固的覆盖膜，起防病保护作用。

常用剂型：可自配自制 80%波尔多液可湿性粉剂。混剂：78%波尔·锰锌可湿性粉剂（48%波尔多液＋30%代森锰锌），85%波尔·甲霜灵可湿性粉剂（77%波尔多液＋8%甲霜灵），85%波尔·霜脲氰可湿性粉剂（77%波尔多液＋8%霜脲氰）等。

施用方法：在蔬菜上一般使用 0.5%等量式波尔多液，即 0.5 份硫酸铜、0.5 份生石灰、100 份水配制而成，可防治辣椒叶斑病、早疫病、番茄晚疫病、溃疡病、青枯病、洋葱霜霉病、茄子褐斑病、马铃薯晚疫病、石刁柏茎枯病、莴苣白粉病、蚕豆炭疽病等，一般在发病前或发病初期开始喷药，隔 10 天左右喷一次，共喷 2～4 次；瓜类对石灰敏感，宜选用 0.5%半量式波尔多液，防治黄瓜霜霉病、西瓜细菌性果腐病。

（二）氢氧化铜

其他名称：可杀得、冠菌铜。

理化性质：蓝绿色固体，结晶物天蓝色片状或针状，相对密度 3.37，水中溶解度 2.9 毫克/升，溶于氨水，不溶于有机溶剂，140℃分解，溶于酸。

毒性：低毒，对兔眼睛有较强刺激作用，对兔皮肤有轻微刺激作用。

生物活性：喷施后，依靠植物表面和病原菌表面上水膜的酸化，缓慢地分解出少量的铜离子，有效地抑制病菌的孢子萌发和菌丝生长，减少病原菌对植物的侵染和在植物体内的蔓延，保护植物免受病原菌的危害。

常用剂型：77%可湿性粉剂，53.8%水分散粒剂，37.5%、25%悬浮剂；混剂：50%多·氢铜可湿性粉剂（多菌灵＋氢氧化铜），64%福锌·氢铜可湿性粉剂（福美锌＋氢氧化铜），61.1%

锰锌·氢铜可湿性粉剂（代森锰锌+氢氧化铜）等。

施用方法：防治番茄早疫病、灰霉病、黄瓜角斑病，在发病初期，每亩用77%可湿性粉剂140～200克，对水喷雾；防治番茄细菌性角斑病、豇豆细菌性角斑病、黄瓜霜霉病、灰霉病，发病初期喷77%可湿性粉剂500～800倍液，隔7～10天喷一次，共喷2～3次；防治番茄青枯病，发病初期用77%可湿性粉剂500倍液灌根，每株灌药液300～500毫升，隔10天灌1次，共灌3～4次。

注意事项：为预防性杀菌剂，应在发病前及发病初期施药；避免与强酸或强碱性物质混用。

（三）碱式硫酸铜

其他名称：三碱基硫酸铜、高铜、绿得保、保果灵。

理化性质：80%碱式硫酸铜可湿性粉剂，外观为松散浅绿色粉末；30%、35%碱式硫酸铜悬浮剂，外观为浅绿色或蓝绿色可流动悬浮液。

毒性：中等毒，对蜜蜂危险。

生物活性：杀菌原理与波尔多液、氢氧化铜基本相同，靠不断释放出的铜离子杀灭病菌，保护植物免受病菌侵染危害。使用后对果实无药斑污染。

常用剂型：80%、50%可湿性粉剂，35%、30%、27.12%悬浮剂。

施用方法：防治黄瓜霜霉病、黄瓜细菌性角斑病，在发病前喷30%或35%悬浮剂300～500倍液；还可防治马铃薯、茄子、辣椒、番茄疫病、丝瓜轮纹斑病、慈姑黑粉病等。

注意事项：铜离子对植物的杀伤力较强，为防止产生药害，不可随意提高碱式硫酸铜的使用浓度；在高温时使用，浓度要低，一般在25～32℃时使用600～800倍液为宜；在寒冷天气和持续阴雨、浓雾的情况下均容易产生药害；不宜在早晨有露水或刚下过雨后施药。

（四）松脂酸铜

化学名称：松香酸铜。

其他名称：去氢枞酸铜，绿乳铜，海宇博尔多乳油。

理化性质：本品制剂为均一的蓝绿色油状液体，用水稀释为粉蓝色乳浊液，在水中溶解度（20℃）小于1克/升，易溶于甲苯、丙酮、N，N-二甲基酰胺。

毒性：低毒，对皮肤无刺激性。

生物活性：与波尔多液和其他铜制剂基本相同，为保护性杀菌剂，靠释放出的铜离子对真菌、细菌起毒杀作用。

常用剂型：12%乳油。

施用方法：可用于防治多种真菌和细菌所引起的常见植物病害，对蔬菜有明显的刺激生长作用，可与其他杀菌剂交替喷洒，效果好。用于防治瓜类霜霉病、疫病、黑星病、炭疽病、细菌性角斑病、茄子立枯病、番茄晚疫病等多种蔬菜病害，于发病初期开始喷12%乳油600倍液，隔10天左右喷一次，连续喷2～3次。安全间隔期7～10天。

注意事项：该药贮存于阴凉干燥通风处，喷雾过程中要安全操作，以防对人伤害。

（五）喹啉铜

化学名称：8-羟基喹啉酮。

其他名称：千菌，必绿。

理化性质：原药外观为黄绿色均匀疏松粉末，溶于三氯甲烷，难溶于水和多种有机溶剂。

毒性：低毒，对蜜蜂无毒，对鱼高毒。

生物活性：非内吸、保护性杀菌剂，是一种有机铜螯合物，对真菌、细菌性等病害具有良好预防和治疗作用。在作物表面形成一层严密的保护膜，抑制病菌萌发和侵入，从而达到防病治病的目的，对作物安全。

常用剂型：50%、12.5%可湿性粉剂，33.5%悬浮剂。

施用方法：防治黄瓜霜霉病，每公顷用有效成分300～450克喷雾；防治番茄晚疫病，每公顷用有效成分150～188克喷雾。

注意事项：喷药时药液应均匀周到；勿与强酸、强碱农药混配；对鱼高毒，使用时要避免污染鱼塘。

二、无机硫和有机硫杀菌剂

（一）代森锰锌

其他名称：大生。

理化性质：原药为灰黄色粉末，水中溶解度6～20毫克/升，不溶于大多数有机溶剂，溶于强螯合剂溶液中。

毒性：微毒。

生物活性：广谱性保护性杀菌剂，其杀菌原理主要是抑制菌体丙酮酸的氧化，常与多种内吸性杀菌剂、保护性杀菌剂复配混用，延缓抗药性的产生。

常用剂型：80%、70%、65%、50%可湿性粉剂，43%、42%、30%悬浮剂，75%水分散粒剂。

施用方法：防治黄瓜霜霉病、炭疽病、角斑病、黑腐病，于发病初期或爬蔓时，亩用80%可湿性粉剂150～190克或75%干悬浮剂125～150克、42%悬浮剂125～188克，对水喷雾，7～10天喷一次，采摘前5天停止喷雾；防治番茄早疫病、晚疫病、炭疽病、灰霉病、叶霉病、枯斑病，发病初期亩用80%可湿性粉剂150～180克或30%悬浮剂250～300克，对水喷雾，7～10天喷一次，采摘前5天停止喷雾，防治早疫病还可结合涂茎，用毛笔或小棉球蘸取80%可湿性粉剂1 000倍液，在发病部位刷一次；防治辣椒炭疽病、疫病、叶斑类病害，发病前或发病初期，用70%或80%可湿性粉剂500～700倍液喷雾；防治辣椒猝倒病，要注意植株茎基部及其周围地面也需喷药。

注意事项：该药不能与铜及强碱性农药混用，在喷过铜、汞、碱性药剂后要间隔1周后才能喷此药；在茶树上的间隔期为半个月；瓜类在采摘前5天停止喷药。

（二）代森锌

理化性质：纯品为白色粉末，原粉为灰白色或淡黄色粉末，有臭鸡蛋味，挥发性小，难溶于水，不溶于大多数有机溶剂，能溶于吡啶。

毒性：微毒，对皮肤、黏膜有刺激性。

生物活性：是一种叶面喷洒使用的保护剂，与代森锰锌基本相同，对许多病菌如霜霉病菌、晚疫病菌及炭疽病菌等有较强触杀作用。对植物安全，有效成分化学性质较活泼，在水中易被氧化成异硫氰化合物，对病原菌体内含有—SH基的酶有强烈抑制作用，并能直接杀死病菌孢子，抑制孢子发芽，阻止病菌侵入植物体内，但对已侵入植物体内的病原菌丝体杀伤作用很小。因此，使用代森锌防治病害应掌握在病害始见期进行，才能取得较好的效果。代森锌的药效期短，在日光照射及吸收空气中的水分后分解较快，其残效期约7天。代森锌曾是杀菌剂的当家品种之一，但由于代森锰锌用途的不断开发以及其他高效杀菌剂品种的不断问世，其使用逐渐减少。

常用剂型：80%、65%可湿性粉剂。

施用方法：防治种传的炭疽病、黑斑病、黑星病等，在播种前用种子量0.3%的80%可湿性粉剂拌种。防治蔬菜苗期猝倒病、立枯病、炭疽病、灰霉病，在苗期喷80%可湿性粉剂500倍液1～2次。防治白菜、甘蓝、油菜、萝卜的黑斑病、白粉病、白锈病、黑胫病、褐斑病、斑枯病，茄子绵疫病、褐斑病、叶霉病，辣椒炭疽病，马铃薯早疫病、晚疫病，菜豆炭疽病、锈病，于发病初期开始喷药，亩用80%可湿性粉剂80～100克，对水喷雾，也可用80%可湿性粉剂500倍液常量喷雾，7～10天喷一次，一般喷3次。防治十字花科蔬菜的霜霉病，用65%可湿性粉剂400～500倍液喷雾，必须喷洒周到，特别是下部叶片应喷到，否则影响防效。

注意事项：烟草、葫芦科植物对锌离子敏感，易产生药害；某些品种的梨树有时也容易发生轻微药害；不能与铜制剂或碱性药物混用。

（三）代森铵

理化性质：纯品为无色结晶，工业品为橙黄色或淡黄色水溶液，易溶于水，微溶于乙醇、丙酮，不溶于苯等有机溶剂。

毒性：中等毒，对皮肤有刺激性。

生物活性：代森铵的水溶液呈弱碱性，具有内渗作用，能渗入植物体内，所以杀菌力强，兼具铲除、保护和治疗作用。在植物体内分解后，还有肥效作用。可作种子处理、叶面喷雾、土壤消毒及农用器材消毒。杀菌谱广，能防治多种作物病害，持效期短，仅3~4天。

常用剂型：45%水剂。

施用方法：能防治多种蔬菜真菌性、细菌性病害，施药方式多样。苗床消毒，防治茄果类及瓜类蔬菜苗期病害，于播种前用45%水剂300~400倍液，每平方米床土表面浇药液3~5千克；种子消毒，防治白菜黑斑病，白菜、甘蓝、花椰菜黑茎病，于播种前用45%水剂200~400倍液浸种15分钟，再用清水洗净，晾干播种；叶面喷雾，防治黄瓜炭疽病、白粉病、黑星病、灰霉病、黑斑病、细菌性角斑病，番茄叶霉病、斑枯病、茄子绵疫病，莴苣和菠菜霜霉病，菜豆炭疽病、白粉病，魔芋细菌性叶枯病和软腐病等，用45%水剂1 000倍液；防治姜瘟，用45%水剂15 000倍液浇土表消毒；防治白菜、甘蓝软腐病，发病初期及时拔除腐烂病株，用45%水剂1 000倍液喷洒全田。

注意事项：45%水剂对水稀释倍数低于1 000倍时，容易产生药害；不能与石硫合剂、多硫化钡、波尔多液、松脂合剂混用；气温高时对豆类作物易产生药害；本品对皮肤有刺激作用，如沾着皮肤上应立即用水清洗。

（四）丙森锌

其他名称：泰生，安泰生。

理化性质：白色或微黄色粉末，水中溶解度<1毫克/升，在二氯甲烷、己烷、丙醇、甲苯等有机溶剂中的溶解度<0.1克/升。

毒性：微毒，对皮肤、眼睛无刺激性，对蜜蜂无毒，对鱼有毒。

生物活性：广谱性杀菌剂，其杀菌原理与代森锰锌相同，作用于真菌细胞壁和蛋白质的合成，能抑制孢子的侵染和萌发，同时能抑制菌丝体的生长，导致其变形、死亡。该药含有易于被作物吸收的锌元素，有利于促进作物生长和提高果实的品质。

常用剂型：70%可湿性粉剂。

施用方法：防治黄瓜霜霉病，发现病叶立即摘除并开始喷药，亩用70%可湿性粉剂150～215克，对水喷雾，或喷500～700倍液，隔5～7天喷一次，共喷3次；防治番茄早疫病，亩用70%可湿性粉剂125～187.5克；防治番茄晚疫病，亩用150～215克，对水喷雾，隔5～7天喷一次，连喷3次；防治大白菜霜霉病，发病初期或发现发病中心时喷药保护，亩用70%可湿性粉剂150～215克，对水喷雾，隔5～7天喷一次，连喷3次。

注意事项：不可与铜制剂和碱性农药混用，若两药连用，需间隔7天；如与其他杀菌剂混用，必须先进行少量混用试验，以避免药害和混合后药物发生分解作用。

（五）福美双

理化性质：纯品为白色无味结晶，工业品为灰黄色粉末，有鱼腥味，微溶于水，溶于丙酮、氯仿、二氯甲烷。

毒性：中等毒，对皮肤、黏膜有刺激性，对鱼有毒。

生物活性：保护作用强，抗菌谱广，主要用于处理种子和土壤防治禾谷类黑穗病和多种作物的苗期立枯病，也可用于喷雾防治一些果树、蔬菜病害。可与多种内吸性杀菌剂复配，并可与其他保护型杀菌剂复配混用。

常用剂型：70%、50%可湿性粉剂，80%水分散粒剂，10%膏剂。

施用方法：拌种防治种传苗期病害，如十字花科、茄果类、瓜类等蔬菜苗期立枯病、猝倒病以及白菜黑斑病、瓜类黑星病、莴苣霜霉病、菜豆炭疽病、豌豆褐纹病、大葱紫斑病和黑粉病，用种子量0.3%～0.4%的50%可湿性粉剂拌种。处理苗床土壤防治苗期病害立枯病和猝倒病，每平方米用50%可湿性粉剂8克，与细土20千克拌匀，播种时用1/3毒土下垫，播种后用余下的2/3毒土覆盖。防治大葱、洋葱黑粉病，在拔除病株后，用50%可湿性粉剂与80～100倍细土拌匀，制成毒土，均匀撒施于病穴内。用50%可湿性粉剂500～800倍液喷雾，可防治白菜和瓜类霜霉病、白粉病、炭疽病，番茄晚疫病、早疫病、叶霉病，蔬菜灰霉病等。

注意事项：不能与铜制剂及碱性药剂混用或前后使用；冬瓜幼苗对福美双敏感，忌用。

(六) 福美锌

理化性质：无色粉末，难溶于水，溶于氯仿、二硫化碳、稀碱。

毒性：低毒，对眼睛有强烈的刺激性，对皮肤无刺激性，对蜜蜂无毒，对鱼有毒。

生物活性：杀菌剂，驱鸟剂，驱鼠剂。主要作用机制是抑制含有Cu^{2+}或HS-基团的酶的活性，作为杀菌剂主要是叶面喷雾保护。

常用剂型：72%可湿性粉剂；混剂：80%福·福锌可湿性粉剂（50%福美锌＋30%福美双），40%福·福锌可湿性粉剂（25%福美锌＋15%福美双）。

施用方法：防治黄瓜炭疽病、西瓜炭疽病，每亩用80%

福·福锌可湿性粉剂125～150克，对水喷雾。

注意事项：烟草、葫芦等对锌敏感，应慎用；不能与石灰、硫磺、铜制剂和砷酸铅混用，主要以防病为主，宜早期使用。

（七）乙蒜素

其他名称：抗菌剂402。

理化性质：纯品为无色或微黄色油状液体，有大蒜臭味，可溶于多种有机溶剂。

毒性：中等毒，对皮肤和黏膜有强烈的刺激作用，能通过食道、皮肤等引起中毒。

生物活性：是大蒜素的同系物，是一种广谱性杀菌剂。其杀菌机制是其分子结构中的S－S＝O基团与菌体分子中含－SH基的酶反应，从而抑制菌体正常代谢。对植物生长具有刺激作用，经它处理过的种子出苗快，幼苗生长健壮。以保护作用为主，兼有一定的铲除作用和内吸性，对多种病原菌的孢子萌发和菌丝生长有很强的抑制作用。

常用剂型：80％、41％、30％、20％乳油；混剂：35％唑酮·乙蒜素乳油（30％乙蒜素＋5％三唑酮）。

施用方法：防治黄瓜细菌性角斑病，亩用41％乳油60～75毫升，对水喷雾。

注意事项：不能与碱性药物混用，经处理过的种子不能食用或作饲料，浸过药液的种子不能与草木灰一起播种，以免影响药效。

三、唑类杀菌剂

（一）三唑酮

其他名称：百里通，粉锈宁。

理化性质：纯品为无色结晶，原粉外观为白色至浅黄色固体，有特殊芳香味，中度溶于大多数有机溶剂。

毒性：低毒，对鱼有一定毒性。

生物活性：三唑酮是高效、低毒、低残留、持效期长的强内吸杀菌剂，被植物的各部分吸收后，能在植物内传导，对锈病和白粉病具有预防、治疗、铲除和熏蒸等作用。其作用机理主要是抑制病菌麦角甾醇的合成，从而抑制菌丝生长和孢子形成。三唑酮可与许多杀菌剂、杀虫剂、除草剂等现混现用。

常用剂型：20%、15%乳油，25%、15%、10%可湿性粉剂，15%热雾剂。

施用方法：防治瓜类白粉病，在病害发生初期亩用三唑酮乳油30～50毫升或15%可湿性粉剂45～60克，对水喷雾，一般年份施药一次，病重年份隔15～20天再施药一次。新疆在哈密瓜白粉病发生初期，亩用20%乳油50毫升，对水喷雾，药效期可达30天以上，并可提高瓜的含糖量30%左右。防治菜豆、豇豆、豌豆、辣椒白粉病，用15%可湿性粉剂1 000～1200倍液喷雾，或用20%乳油1 500～2 000倍液喷雾。防治温室蔬菜白粉病，用土壤处理法，每立方米土壤用15%可湿性粉剂10～15克作为种植用土，药效期达2个月以上。防治豆类（菜豆、豇豆等）、辣椒锈病，在发病初期用20%乳油1 000～1 500倍液或25%可湿性粉剂2 000～3 000倍液喷雾。防治黄瓜白绢病，在病害发生初期用15%可湿性粉剂与200倍的细土拌匀后，撒在病株根茎处，防效明显。

注意事项：采用湿拌法或乳油拌种时，拌匀后立即晾干，以免发生药害；在蔬菜上使用三唑酮要控制用药量，过量用药会使蔬菜植株出现生长缓慢、株型矮化、叶片变小变厚、叶色深绿、瓜叶变脆等不正常现象。

（二）联苯三唑醇

其他名称：双苯三唑醇，双苯唑菌醇，百科。

理化性质：原粉为无色晶体，微溶于水，中度溶于正己烷、异丙醇、甲苯，溶于二氯甲烷。

毒性：微毒，对兔皮肤和眼睛有轻微刺激性，对蜜蜂无毒，鱼有一定毒性。

生物活性：具有保护、治疗和铲除作用，能渗透叶面的角质层而进入植株组织，但不能传到，杀菌谱广。

常用剂型：30%乳油，25%可湿性粉剂。

施用方法：对菜豆、大豆及葫芦科蔬菜叶斑病、白粉病、锈病、炭疽病、角斑病等，各用25%可湿性粉剂80克或30%乳油50毫升，对水喷雾。

（三）腈菌唑

其他名称：仙星，特菌灵，信生。

理化性质：纯品外观为浅黄色固体，原药为棕色或棕褐色黏稠液体，微溶于水，溶于一般有机溶剂，不溶于脂肪烃类。

毒性：低毒，对眼睛有轻微刺激性，对皮肤无刺激性，对蜜蜂无毒。

生物活性：腈菌唑为内吸性三唑类杀菌剂，杀菌特性与三唑酮相似，杀菌谱广，内吸性强，对病害具有保护作用和治疗作用，可以喷洒，也可处理种子。该药持效期长，对作物安全，有一定刺激生长作用。

常用剂型：25%、12.5%、10.5%、5%乳油，12.5%、5%微乳剂，40%、12.5%可湿性粉剂，40%、20%悬浮剂，40%水分散粒剂。

施用方法：防治黄瓜白粉病，亩用5%乳油30～40毫升，对水常规喷雾。防治茭白胡麻斑病和锈病，在病害初发期和盛发期各喷一次12.5%乳油1 000～2 000倍液，效果显著。

（四）丙环唑

其他名称：敌力脱，必扑尔，塞纳松，康露，施力科，叶显秀，斑无敌，科惠。

理化性质：原粉为黄色无味黏稠液体，溶于乙醇、丙酮、甲苯和正辛醇。

毒性：低毒，对兔皮肤和眼睛无刺激性，对蜜蜂无毒，鱼有一定毒性。

生物活性：杀菌特性与三唑酮相似，具有保护和治疗作用。具有内吸性，可被作物根、茎、叶吸收，并能在植物体内向顶输导；抑菌谱较宽，对子囊菌、担子菌、半知菌中许多真菌引起的病害，具有良好的防治效果，但对卵菌病害无效，在田间持效期1个月左右。

常用剂型：50%、25%、15.6%乳油，50%、45%、20%微乳剂，30%悬浮剂。

施用方法：于发病初期喷25%乳油4 000倍液，隔20天左右喷一次。防治韭菜锈病，在收割后喷25%乳油3 000倍液，其他时期发现病斑及时喷4 000倍液。防治辣椒褐斑病、叶斑病，亩用25%乳油40毫升，对水常规喷雾。

（五）氟硅唑

其他名称：克菌星，新星，福星。

理化性质：无色无味晶体，微溶于水，溶于大多数有机溶剂。

毒性：低毒，对皮肤和眼睛有刺激性，对蜜蜂低毒，对鱼高毒。

生物活性：内吸杀菌剂，具有保护和治疗作用，渗透性强。主要作用机理是破坏和阻止病原菌的细胞膜重要组成成分麦角甾醇的生物合成，导致细胞膜不能形成，使病菌死亡。

常用剂型：40%、10%乳油，8%、5%微乳剂，10%、6%水乳剂，2.5%热雾剂。

施用方法：防治黄瓜黑星病，于发病初期开始，每亩用40%乳油7.5～12.5毫升，对水喷雾；也可用40%乳油8 000～10 000倍液喷雾，常规喷雾，隔5～7天喷一次，连续喷3～4次。防治黄瓜白粉病，于发病初期，每亩用8%氟硅唑微乳剂（有效成分4～4.8克）。

注意事项：酥梨类品种在幼果期对此药敏感，应谨慎使用；

为避免病菌对氟硅唑产生抗药性，应与其他杀菌剂交替使用。

（六）腈苯唑

其他名称：应得，唑菌腈。

理化性质：无色结晶，有轻微的硫磺气味，微溶于水，溶于大多数有机溶剂。

毒性：低毒，对皮肤和眼睛无刺激性，对蜜蜂、鱼低毒。

生物活性：其对叶片的渗透作用强，主要是保护作用，在植物体内有一定的输导性，能阻止已发芽的病菌孢子侵入作物组织，抑制菌丝的伸长。在病菌潜伏期使用，能阻止病菌的发育；在发病后使用，能使下一代孢子变形，失去侵染能力，对病害具有预防作用和治疗作用。

常用剂型：24％悬浮剂。

施用方法：防治菜豆锈病、蔬菜白粉病，于发病初期开始，每亩用24％悬浮剂18～75毫升，对水30～50千克喷雾，隔5～7天喷一次，连喷2～4次。

（七）苯醚甲环唑

其他名称：噁醚唑，双苯环唑，世高，敌萎丹。

理化性质：原药外观为灰白色粉状物，微溶于水，溶于大多数有机溶剂。

毒性：低毒，对皮肤和眼睛无刺激性，对蜜蜂无毒，对鱼有毒。

生物活性：苯醚甲环唑是三唑类内吸杀菌剂，杀菌谱广，对子囊菌、担子菌和包括链格孢属、壳二孢属、尾孢霉属、刺盘孢属、球座菌属、茎点霉属、柱格孢属、壳针孢属、黑星菌属在内的半知菌、白粉菌、锈菌和某些种传病害具有持久的保护和治疗作用。对作物安全，用于种子包衣，对种苗无不良影响，表现为出苗快、出苗齐，这有别于三唑酮等药剂。种子处理和叶面喷雾均可提高作物的产量和保证质量。

常用剂型：3％悬浮种衣剂，5％水乳剂，37％、10％水分散粒剂，10%微乳剂，25%、20%乳油，30%悬浮剂。

施用方法：防治大白菜黑斑病，亩用10%水分散粒剂35～50克，对水喷雾；防治辣椒炭疽病，于发病初期用10%水分散剂800～1 200倍液喷雾，或亩用10%水分散粒剂40～60克，对水常规喷雾。防治番茄早疫病，于发病初期，亩用10%水分散粒剂70～100克，对水喷雾。防治大蒜叶枯病，亩用10%水分散粒剂30～60克，对水喷雾。防治洋葱紫斑病，亩用10%水分散粒剂30～75克，对水喷雾。防治芹菜叶斑病，亩用10%水分散粒剂67～83克，对水喷雾。

注意事项：不宜与铜制剂混用，如果确需混用，则苯醚甲环唑使用量要增加10%；苯醚甲环唑对鱼类有毒，勿污染水源。

四、苯并咪唑类杀菌剂

(一) 多菌灵

其他名称：苯并咪唑44号，棉萎灵。

理化性质：结晶状粉末，微溶于水，溶于二甲基甲酰胺、丙酮、氯仿，可溶于稀无机酸和有机酸。

毒性：微毒，对皮肤和眼睛有刺激性，对蜜蜂低毒，对鱼有毒。

生物活性：多菌灵是一种高效低毒内吸性杀菌剂，对许多子囊菌和半知菌都有效，而对卵菌和细菌引起的病害无效，具有保护和治疗作用，几乎各类植物都可用多菌灵防治其病害。

常用剂型：80%、50%、40%、25%、20%可湿性粉剂，40%悬浮剂等。

施用方法：防治番茄枯萎病、叶霉病，黄瓜枯萎病、炭疽病、黑星病，白菜白斑病，辣椒炭疽病等种传病害，采用种子消毒方法，用50%可湿性粉剂500倍液浸种1小时。防治芋干腐病，用50%可湿性粉剂500倍液浸种30分钟，稍阴干后直接播种。防治黄瓜枯萎病、西瓜枯萎病和茄子黄萎病，可采用处理土壤和灌根两种方式施药。播前或定植前，亩用50%可湿性粉剂2千克，与细土200千克混拌成药土，施入沟内或穴内，与土壤混合后2～3天播种。当田间发现零星病株时，用50%可湿性粉剂500倍液灌根，每株灌药液250毫升。防治蔬菜苗期立枯病、猝倒病，用50%可湿性粉剂与细土1 000～1 500倍混拌成药土，播种时施入播种沟后覆土，每平方米用药土10～15千克。苗床土壤处理，每平方米用50%可湿性粉剂8～10克。

注意事项：可与一般杀菌剂混用，但与杀虫剂、杀螨剂混用时要随混随用，不能与铜制剂混用。多菌灵悬浮剂在使用时，稀释的药液暂时不用，静止后会出现分层现象，需摇匀后使用。

（二）丙硫多菌灵

其他名称：丙硫咪唑、阿苯达唑、施宝灵。

理化性质：纯品外观为白色粉末，不溶于水，微溶于乙醇、氯仿、热稀盐酸和稀硫酸，溶于冰醋酸。

毒性：低毒，对眼睛有轻微刺激性。

常用剂型：20%、10%悬浮剂，10%水分散粒剂，20%可湿性粉剂。

生物活性：本品原为医用药剂，现开发用于农业，是低毒、广谱、内吸性杀菌剂，可有效防治霜霉菌、腐霉菌、白粉菌引起的病害，其杀菌作用机理与多菌灵相似。

常用剂型：20%、10%悬浮剂，10%水分散粒剂，20%可湿性粉剂。

施用方法：防治大白菜和黄瓜霜霉病，亩用20%悬浮剂或可湿性粉剂75～100克，对水喷雾。防治豇豆霜霉病，用20%悬浮剂或可湿性粉剂300倍液喷雾。防治辣椒疫病，亩用20%可湿性粉剂25～35克，对水50～60千克喷雾，也可采用灌根的方法。防治西瓜炭疽病，亩用10%水分散粒剂或10%可湿性粉剂150克（有效成分用量15克/亩），对水喷雾。

注意事项：丙硫多菌灵不能与铜制剂混用。禁止孕妇喷洒本剂。作物发病较重时，可适当加大剂量和次数，喷药24小时内下雨应尽快补喷。

（三）苯菌灵

其他名称：苯来特。

理化性质：纯品为无色结晶，微溶于水，在氯仿、二甲基甲酰胺、丙酮、二甲苯、乙醇中，溶解度逐渐降低。

毒性：微毒，对皮肤和眼睛有轻微刺激性，对蜜蜂无毒，对鱼有毒。

生物活性：本品是广谱内吸性杀菌剂，进入植物体后容易转变成多菌灵及另一种有挥发性的异氰酸丁酯，是其主要杀菌物质，因而其杀菌作用方式及防治对象与多菌灵相同，但药效略好于多菌灵，具有保护、治疗和铲除等作用，可用于喷洒、拌种和土壤处理。

常用剂型：50%可湿性粉剂，40%悬浮剂。

施用方法：每10千克种子用50%可湿性粉剂10～20克拌种。防治蔬菜叶部病害，如番茄叶霉病、芹菜灰斑病、茄子赤星病、慈姑叶斑病等，于发病初期开始喷50%可湿性粉剂1 000～1 500倍液，隔10天左右喷一次，连喷2～3次。防治番茄、黄瓜、韭菜等多种蔬菜的灰霉病，于发病前或发病初期喷50%可湿性粉剂800～1 000倍液。防治蔬菜贮藏期病，在收获前喷雾或收货后浸渍，如防治大蒜青霉病，在采前7天喷50%可湿性粉剂1 500倍液。

注意事项：不能与波尔多液和石灰硫黄合剂等碱性农药混用。连续使用时可能产生抗药性，为防止此现象的发生，最好和其他药剂交替使用。

（四）噻菌灵

其他名称：硫苯唑、特克多、涕必灵、噻苯灵、霉得克、保唑霉。

理化性质：灰白色无味粉末，在水中溶解度随pH而改变，

pH2 时溶解度为 10 克/升，溶于二甲基甲酰胺和二甲亚砜。

毒性：低毒，对皮肤和眼睛无刺激性，对蜜蜂无毒，对鱼低毒。

生物活性：噻菌灵有内吸传导活性，根施时能向顶传导，但不能向基传导，杀菌谱广，具有保护和治疗作用，与多菌灵、苯菌灵等苯并咪唑类的品种之间有正交互抗性。

常用剂型：40%可湿性粉剂，50%、45%、15%悬浮剂，3%烟剂，水果保鲜剂等。

施用方法：3%噻菌灵烟剂主要作为保护地作物防治多种真菌病害的专用烟剂，对黄瓜、番茄、韭菜、芹菜、青椒、蒜薹的灰霉病、叶霉病、白粉病、叶斑病、炭疽病等有显著防治效果。在病害发生初期，每亩保护地用 3%噻菌灵烟剂 300～400 克，于日落后将烟剂放在干地面上，均匀放置，点燃后即可离开，门窗关闭，次日清晨打开气窗通气。防治灰霉病、菌核病、芹菜斑枯病，可用 50%悬浮剂 1 000～1 500 倍液喷雾。防治西葫芦曲霉病，用 45%悬浮剂与 50 倍细土混拌后撒在瓜秧的基部，发病初还可用 3 000 倍液喷洒茎叶。

注意事项：本剂对鱼有毒，不要污染池塘和水源；避免与其他药剂混用，不应在烟草收获后的叶子上施用。

（五）甲基硫菌灵

其他名称：甲基托布津。

理化性质：纯品为无色晶体，几乎不溶于水，溶于环己酮、甲醇、氯仿。

毒性：微毒，对皮肤和眼睛有轻微刺激性，对蜜蜂无毒，对鱼低毒。

生物活性：在自然、动植物体内外以及土壤中均能转化为多菌灵，当甲基硫菌灵施于作物表面时，一部分在体外转化成多菌灵起保护剂作用；一部分进入作物体内，在体内转化成多菌灵起内吸疗剂作用，因而甲基硫菌灵在病害防治上具有保护盒治疗作用，持效期7～10天。

常用剂型： 80%、70%、50%可湿性粉剂，50%、36%、10%悬浮剂、4%膏剂、3%糊剂。

施用方法： 防治莲藕枯萎病，在种藕挖起后用70%可湿性粉剂1 000倍液喷雾或闷种，待药液干后再种植。莲田开始发现病株时，亩用70%可湿性粉剂200克，拌细土25千克，堆闷2小时后撒施；也可亩用药150克，对水60千克，喷洒莲茎秆。防治豇豆根腐病，播种时，亩用70%可湿性粉剂1.5千克与75千克细土拌匀后沟施或穴施。防治黄瓜根腐病，发病初期浇灌70%可湿性粉剂700倍液，或配成毒土撒在茎基部。防治白菜根肿病，发病初期，用70%可湿性粉剂500倍液灌蔸。对瓜类白粉病、炭疽病、蔓枯病、灰霉病，茄子灰霉病、炭疽病、白粉病、菌核病，圆葱灰霉病，菜豆灰霉病、菌核病，青椒灰霉病、炭疽病、白粉病，十字花科蔬菜白粉病、菌核病和大白菜炭疽病，番茄灰霉病、叶霉病、菌核病，莴苣灰霉病、菌核病等，用50%可湿性粉剂500倍液喷雾，必要时，间隔7～10天重复施药。防治黄瓜、茄子、甜椒的白粉病，还可用50%的可湿性粉剂1 000倍液灌根，每株灌药液250～350毫升，连灌2～3次。也可在定植前亩用50%可湿性粉剂与25倍细土配成的毒土60～80千克，撒施于穴内后再定植，可兼治枯萎病。

注意事项： 与多菌灵、苯菌灵有交互抗性，不能与之交替使用或混用；不能与铜制剂混用；不能长期单一使用，应与其他杀菌剂轮换使用或混用。

五、咪唑类杀菌剂

（一）咪鲜胺锰盐

其他名称： 施保功。

理化性质： 白色至褐色砂粒状粉末，微溶于水，溶于丙酮。

毒性： 低毒，对皮肤和眼睛有轻微刺激性。

生物活性：由咪鲜胺与氯化锰复合而成，其防病性能与咪鲜胺相似，对作物的安全性高于咪鲜胺。

常用剂型：50%、25%可湿性粉剂。

施用方法：防治蘑菇褐腐病和褐斑病，第一次施药在菇床覆土前，每平方米覆土用50%可湿性粉剂0.8～1.2克对水1升，拌土后，覆盖于已接菇种的菇床上；第二次施药是在第二潮菇转批后，每平方米菇床用50%可湿性粉剂0.8～1.2克对水1升，喷于菇床上。防治甜橘青霉病、绿霉病、炭疽病、蒂腐病等贮藏期病害，采果当天用50%可湿性粉剂1 000～2 000倍液浸果1～2分钟，捞起晾干，室温贮藏，单果包装，效果更好。

注意事项：本品对鱼有毒不可污染鱼塘、河道或水沟。

（二）氟菌唑

其他名称：特富灵、三氟咪唑。

理化性质：纯品为无色晶体，微溶于水，溶于氯仿、二甲苯、丙酮。

毒性：低毒，对眼睛有轻微刺激性，对皮肤无刺激性，对鱼、蜜蜂有毒。

生物活性：杀菌谱广，具有治疗和铲除作用，内吸性强。

常用剂型：30%可湿性粉剂。

施用方法：防治黄瓜黑星病、番茄叶霉病，发病初期亩用30%可湿性粉剂35～40克对水喷雾，隔10天再喷一次。防治瓜类、豆类、番茄等蔬菜白粉病，发病初期亩用30%可湿性粉剂14～20克，对水稀释3 000～3 500倍液喷雾，隔10天后再喷一次。

注意事项：不可将剩余药液倒入池塘、湖泊，防止鱼类中毒，同时，防止刚施过药的田水流入河、塘。

（三）氰霜唑

其他名称：氰唑磺菌胺、科佳。

理化性质：乳白色、无味粉末，微溶于水。

毒性：微毒，对眼镜和皮肤无刺激性，对蜜蜂无毒。

生物活性：新型咪唑类杀菌剂，为保护性杀菌剂。对卵菌纲病原菌如疫霉菌、霜霉菌、假霜霉菌、腐霉菌以及根肿菌纲的芸薹根肿菌具有很高的活性。其作用机理是通过与病原菌细胞线粒体内膜的结合，阻碍膜内电子传递，干扰能量供应，从而起到杀灭病原菌的作用。由于这种作用机理不同于其他杀菌剂，因而与其他内吸性杀菌剂间无交互抗性，具有保护作用，持效期长，叶面喷雾耐雨水冲刷，具有中等的内渗性和治疗作用。

常用剂型：10%悬浮剂。

施用方法：防治黄瓜霜霉病、番茄晚疫病，亩用10%悬浮剂53～67毫升，对水75升，于发病前或发病初期喷雾，隔7～10天喷一次，共喷3次。防治葡萄霜霉病，用10%悬浮剂2 000～2 500倍液喷雾。

六、苯基酰胺类杀菌剂

(一) 精甲霜灵

其他名称：高效甲霜灵。

理化性质：纯品为黄色至浅棕色黏稠液体，微溶于水，溶于大多数有机溶剂。

毒性：低毒，对蜜蜂无毒，对鱼无毒。

生物活性：高效甲霜灵是甲霜灵两个异构体中的一个，可用于种子处理、土壤处理及茎叶处理。在获得同等防病效果的情况下，只需甲霜灵用量的1/2，在土壤中降解速度比甲霜灵更快，从而增加了对使用者和环境的安全性。

常用剂型：35%种子处理微乳剂、68%可湿性粉剂精甲霜灵(精甲霜灵＋代森锰锌)、53%可湿性粉剂（精甲霜灵＋代森锰锌)、68%水分散粒剂（精甲霜灵＋代森锰锌)、3.5%悬浮种衣剂（精甲霜灵＋咯菌腈)、44%悬浮剂（精甲霜灵＋百菌清）等。

施用方法：防治蔬菜病害可拌种、土壤处理和叶面喷雾等方式。用种子量0.3%的35%拌种剂拌种，可防治种传莴苣霜霉病、菠菜霜霉病、白菜霜霉病等，还可防治蔬菜苗期病害（主要是猝倒病）和蔬菜疫病。防治幼苗猝倒病，可对床土用药剂处理，一般是每平方米用53%可湿性粉剂6克，与细土20～30千克混拌均匀，取1/3撒在畦面，余下2/3播后覆土。穴施毒土防治大白菜霜霉病，于定植前，亩用53%可湿性粉剂500克，与细土20千克混拌制成毒土，一次施入穴内。

（二）灭锈胺

其他名称：纹绣灵、纹达克。

理化性质：纯品为无色晶体，微溶于水，溶于丙酮、甲醇、乙腈。

毒性：微毒，对皮肤和眼睛无刺激性，对鱼、蜜蜂有毒。

生物活性：灭锈胺是一种内吸性杀菌剂，能有效防止担子纲真菌引起的作物病害，具有阻止和抑制病菌侵入，达到预防和治疗作用，同时还具有耐雨冲刷，对紫外光稳定，对人、畜安全等特点。

常用剂型：20乳油、20%悬浮剂。

施用方法：防治黄瓜立枯病，亩用20%乳油或20%悬浮剂150～200毫升，对水喷雾。

注意事项：不要喷在桑树上。

（三）烟酰胺

其他名称：凯泽。

理化性质：纯品为白色无味晶体，微溶于水，溶于甲醇、丙酮。

毒性：低毒，对眼睛和皮肤无刺激性，对鱼有毒。

生物活性：抑制病原菌线粒体琥珀酸酯脱氢酶，阻碍三羧酸循环，使氨基酸、糖缺乏、能量减少、干扰细胞的分裂和生长；具有保护和治疗作用。抑制孢子萌发、细菌管延伸、菌丝生长和孢子细胞形成等真菌生长和繁殖的主要阶段。

常用剂型：50%水分散粒剂。

施用方法：防治黄瓜灰霉病，每亩用50%水分散粒剂33~47克，对水喷雾。

七、氧基丙烯酸酯类杀菌剂

（一）嘧菌酯

其他名称：ICIA5504，阿米西达，安灭达。

理化性质：纯品为浅棕色固体，无特殊气味，微溶于水，溶于甲苯、丙酮、乙酸乙酯、二氯甲烷。

毒性：微毒，对皮肤和眼睛有轻微刺激作用，不是皮肤致敏剂。

生物活性：嘧菌酯是病原真菌的线粒体呼吸抑制剂，作用部位与以往所有杀菌剂均不同，杀菌谱广，对几乎所有真菌类病害都显示出较好的活性，具有保护和治疗作用，并有良好的渗透和内吸作用，可以茎叶喷雾、水面施药、处理种子等方式使用。

常用剂型：25%悬浮剂、50%水分散粒剂、32.5%苯甲·嘧菌酯悬浮剂（苯醚甲环唑+嘧菌酯）、56%嘧菌·百菌清悬浮剂（百菌清+嘧菌酯）。

施用方法：防治番茄晚疫病、番茄叶霉病、黄瓜白粉病、黄瓜黑星病、黄瓜蔓枯病，亩用25%悬浮剂60~90毫升（亩有效成分用量15~22.5克），对水喷雾；防治花椰菜霜霉病、辣椒疫病，亩用25%悬浮剂40~72毫升（亩有效成分用量10~18克），对水喷雾。

注意事项：某些苹果品种对嘧菌酯敏感，使用时要注意。

（二）醚菌酯

其他名称：苯氧菌酯、BASA90F，翠贝。

理化性质：纯品为浅棕色粉末，带芳香味，微溶于水。

毒性：微毒，对皮肤和眼睛无刺激作用，对蜜蜂安全，对鱼有毒。

生物活性：与嘧菌酯基本相似。

常用剂型：50%水分散粒剂、30%悬浮剂、30%可湿性粉剂。

施用方法：防治黄瓜白粉病，亩用50%水分散粒剂13.4～20克，对水喷雾。防治番茄早疫病，亩用30%悬浮剂40～60毫升，对水喷雾。防治草莓白粉病，用50%水分散粒剂3 000～5 000倍液（有效成分100～166.7毫克/升）喷雾。

（三）吡唑醚菌酯

理化性质：纯品为白色至浅米色结晶状固体，无特殊气味。

毒性：微毒，对皮肤和眼睛无刺激作用，对蜜蜂安全，对鱼高毒。

生物活性：病原菌线粒体呼吸抑制剂具有保护、治疗和内渗作用。

常用剂型：25%乳油，混剂：60%唑醚·代森联水分散粒剂（吡唑醚菌酯+代森联），18.7%稀酰·吡唑酯水分散粒剂（吡唑醚菌酯+烯酰吗啉）。

施用方法：防治白菜炭疽病，亩用25%乳油30～50毫升，对水喷雾；防治黄瓜白粉病，亩用25%乳油20～40毫升，对水喷雾；防治黄霜霉病，亩用25%乳油20～40毫升，对水喷雾，也可用60%唑醚·代森联水分散粒剂40～60克，对水喷雾，或用18.7%稀酰·吡唑酯水分散粒剂75～125克，对水喷雾；防治番茄晚疫病，用60%唑醚·代森联水分散粒剂40～60克，对水喷雾；防治黄瓜疫病，用60%唑醚·代森联水分散粒剂60～100克，对水喷雾；防治辣椒疫病，用60%唑醚·代森联水分散粒剂40～100克，对水喷雾；防治甘蓝霜霉病，每亩用18.7%稀酰·吡唑酯水分散粒剂75～125克，对水喷雾。

注意事项：对鱼高毒，一定不要污染水源。

八、氨基甲酸酯类杀菌剂

（一）霜霉威盐酸盐

其他名称：普力克、霜霉威、丙酰胺。

理化性质：纯品为无色吸湿性晶体，溶于水，溶于甲醇、二氯甲苯、乙酸乙酯、异丙醇。

毒性：低毒，对皮肤和眼睛无刺激作用，对鱼、蜜蜂安全。

生物活性：为内吸性杀菌剂，能抑制卵菌类的孢子萌发、孢子囊形成、菌丝生长，对霜霉菌、腐霉菌、疫霉菌引起的土传病害和叶部病害均有好的效果，其作用机理是抑制病菌细胞膜成分的磷脂和脂肪酸的生物合成。适用于土壤处理，也可种子处理或叶面喷雾，在土壤中持效期可达 20 天，对作物还有刺激生长作用。

常用剂型：72.2%、40%、36%、35%水剂，50%热雾剂，混剂：20%霜眉·菌毒清水剂（霜霉威盐酸盐＋菌毒清）、68.75%氟菌·霜眉盐悬浮剂（氟吡菌酰胺＋霜霉威盐酸盐）、50%锰锌·霜霉可湿性粉剂（霜霉威盐酸盐＋代森锰锌）。

施用方法：防治蔬菜苗期猝倒病、立枯病和疫病，在播种前或移栽前用 66.5%水剂 400～600 倍液浇灌苗床，每平方米浇灌药液 3 升，出苗后发病，可用 66.5%水剂 600～800 倍液喷淋或灌根，每平方米用药液 2～3 升，隔 7～10 天施一次，连施 2～3 次。当猝倒病和立枯病混合发生时，可与 50%福美双可湿性粉剂 800 倍液混合喷淋。

注意事项：不可与碱性物质混用。

九、二甲酰亚胺类杀菌剂

（一）腐霉利

其他名称：二甲菌核利、速克灵、菌核酮。

理化性质：纯品为无色结晶体，原药为浅棕色固体，微溶于水，溶于丙酮、二甲苯、氯仿、甲醇、二甲基甲酰胺。

毒性：微毒，对皮肤和眼睛有轻微刺激作用。

生物活性：为内吸性杀菌剂，具有保护和治疗作用，对孢子萌发抑制力强于对菌丝生长的抑制，表现为使孢子的芽管和菌丝膨大，甚至胀破，原生质流出，使菌丝畸形，从而阻止早期病斑形成和病斑扩大。对在低温、高湿条件下发生的多种作物的灰霉病、菌核病有特效，对由葡萄孢属、核盘菌属所引起的病害均有显著效果，还可防治对甲基硫菌灵、多菌灵产生抗性的病原菌。

常用剂型：50%可湿性粉剂，20%悬浮剂，15%、10%烟剂。

施用方法：防治黄瓜灰霉病，在幼果残留花瓣发病初期开始施药，喷50%可湿性粉剂1 000～1 500倍液，隔7天喷一次，连喷3～4次。防治黄瓜菌核病，在发病初期开始施药，亩用50%可湿性粉剂35～50克，对水50千克喷雾，或亩用10%烟剂350～400克，点燃防烟，隔7～10天施一次。

注意事项：单用腐霉利防治同一种病害，特别是灰霉病，易引起病菌抗药，因此凡需多次防治时，应与其他类型杀菌剂轮换使用或使用混剂。

（二）乙烯菌核利

其他名称：农利灵、烯菌酮。

理化性质：纯品为无色结晶体，略带芳香味，微溶于水，溶于大多数有机溶剂。

毒性：微毒，对皮肤和眼睛有轻微刺激作用，对鱼有毒。

生物活性：干扰病菌细胞核，并对细胞膜和细胞壁有影响，改变膜的渗透性，使细胞破裂。能阻碍孢子形成、抑制孢子发芽和菌丝的发育，具有良好的预防效果，也有治疗效果。茎叶施药可输导到新叶，对果树蔬菜类作物的灰霉病、褐斑病、菌核病有良好的防治效果。

常用剂型：50%水分散粒剂，50%可湿性粉剂。

施用方法：一般在发病初期开始喷50%水分散粒剂1 000～1 300倍液。防治番茄、辣椒、菜豆、茄子、莴苣、韭菜的灰霉病、菌核病，亩用50%水分散粒剂75～100克，对水喷雾。一般在第一朵花开放时，发现茎叶上有病菌侵染时开始喷药，隔7～10天喷1次，喷3～4次。防治白菜类菌核病，发病初期喷50%水分散粒剂1 000倍液。另外，在定植时将菜苗的根在50%水分散粒剂500倍液中浸蘸一下后定植，防效较好。

注意事项：防治灰霉病应在发病初期开始施用，共喷3～4次，间隔7～10天。

（三）菌核净

其他名称：纹枯利。

理化性质：纯品为白色鳞片状结晶，原药为浅黄色固体，几乎不溶于水，溶于丙酮、四氢呋喃、二甲基亚砜。

毒性：低毒，对皮肤和眼睛有轻微刺激作用。

生物活性：为内吸性杀菌剂，具有保护和治疗作用，持效期长。

常用剂型：10%烟剂、40%、20%可湿性粉剂。

施用方法：防治十字花科蔬菜以及黄瓜、豆类、莴苣、菠菜、茄子、胡萝卜等的菌核病，用40%可湿性粉剂800～1 200倍液，重点喷在植株中下部位，隔7～10天喷一次，连喷1～3次。瓜类菌核病，除正常喷雾，还可结合用50倍液涂抹瓜蔓病部，可控制病部扩展，还有治疗作用。防治保护地番茄灰霉病，亩用10%烟剂150～200克防烟。

注意事项：避免和碱性强的农药混用。

（四）异菌脲

其他名称：扑海因、咪唑霉。

理化性质：白色无味，非吸湿性晶体或粉末，微溶于水，溶于大多数有机溶剂。

毒性：低毒，对皮肤和眼睛有轻微刺激作用。

生物活性：为保护性杀菌剂，也有一定的治疗作用。杀菌谱广，对葡萄孢属、链孢霉属、核盘菌属、小菌核属等引起的病害有较好防治效果。对病原菌生活史的各发育阶段均有影响，可抑制孢子的产生和萌发，也抑制菌丝的生长，适用作物广。

常用剂型：50%可湿性粉剂，50%、25.5%悬浮剂。

施用方法：防治番茄、茄子、黄瓜、辣椒、韭菜、莴苣等蔬菜灰霉病，自菜苗开始，于育苗前，用50%可湿性粉剂或悬浮剂800倍液对苗床土壤、苗房顶部及四周表面喷雾，灭菌消毒。对保护地，在蔬菜定植前采用同样的方法对棚室喷雾消毒。在蔬菜作物生长期，于发病初期开始喷50%可湿性粉剂或悬浮剂1 000～1 500倍液，或每亩次用制剂75～100克对水喷雾，7～10天喷一次，连喷3～4次。

注意事项：避免与强碱性药剂混用，应与其他类型杀菌剂轮换使用或使用混剂。

十、取代苯类杀菌剂

（一）百菌清

理化性质：纯品为无色无味晶体，微溶于水，溶于大多数有机溶剂。

毒性：微毒，对皮肤和眼睛有刺激作用，对鱼高毒。

生物活性：广谱、非内吸性，适于植物叶面的保护性杀菌剂，对多种植物真菌病害具有预防作用。其主要作用是预防真菌侵染，没有内吸传导作用，不能从喷药部位及植物的根系被吸收。不易被雨水冲刷，有较长的药效期，可达10天。

常用剂型：75%可湿性粉剂，50%、40%悬浮剂，90%、75%水分散粒剂，45%、30%、20%、10%、2.5%烟剂，5%粉尘剂，10%油剂。

施用方法：防治蔬菜幼苗猝倒病，播前3天用75%可湿性粉剂400～600倍液将整理好的苗床全面喷洒一遍，盖上塑料薄膜闷2天后，揭去薄膜晾晒苗床1天，准备播种，出苗后，当发现有少量猝倒时，拔除病苗，用75%可湿性粉剂400～600倍液泼浇病苗周围床土，或喷到土面见水为止，再全苗床喷一遍。防治温室大棚蔬菜病害，可选用45%、30%、20%、10%、2.5%烟剂或10%、5%粉剂，点燃放烟，或粉尘法施药。

注意事项：百菌清对鱼类及甲壳类动物毒性大，药液不能污染鱼塘和河流。不能与石硫合剂、波尔多液等碱性农药混用。

(二) 五氯硝基苯

其他名称：土粒散、掘地生。

理化性质：无色针状体，原药为浅黄色结晶，微溶于水，溶于丙酮、甲醇。

毒性：微毒，对皮肤和眼睛有轻微刺激作用。

生物活性：为一种古老的保护性杀菌剂，无内吸性，在土壤中持效期较长，用作土壤处理和种子消毒。对丝核菌引起的病害有较好的防效，对甘蓝根肿病、多种作物白绢病等也有效。

常用剂型：40%、20%粉剂，混剂：40%多·五可湿性粉剂(32%多菌灵+8%五氯硝基苯)，45%福·五可湿性粉剂（20%福美双+25%五氯硝基苯)。

施用方法：防治西瓜枯萎病，用40%多·五可湿性粉剂600～700倍液灌根。防治菜苗猝倒病、立枯病以及生菜、紫甘蓝的褐腐病，每平方米用40%粉剂8～10克，与适量细土混拌成药，取1/3药土撒施于床土上或播种沟内，余下的2/3药土覆土。如果用40%五氯硝基苯粉剂与50%福美双可湿性粉剂，按1∶1混用，则防病效果更好，施药后保持床面湿润，以免发生药害。

注意事项：大量药剂与作物幼芽接触时易产生药害。

十一、吗啉类杀菌剂

（一）烯酰吗啉

其他名称：安克。

理化性质：无色至白色结晶，微溶于水。

毒性：低毒，对皮肤和眼睛无刺激作用。

生物活性：为专一杀卵菌的杀菌剂，内吸作用强，叶面喷雾可渗入叶片内部，具有保护、治疗和抗孢子产生的活性。其作用特点主要是影响病原菌细胞壁分子结构的重排，干扰细胞壁聚合体的组装，从而干扰细胞壁的形成，使菌体死亡。与苯基酰胺类药剂无交互抗性。

常用剂型：50%、30%、25%可湿性粉剂，80%、50%、40%水分散粒剂，20%悬浮剂，10%水乳剂。

施用方法：为防治霜霉属、疫霉属等卵菌类病害的优良杀菌剂，可有效防治马铃薯、番茄晚疫病，黄瓜、葫芦、葡萄霜霉病等。防治黄瓜霜霉病、疫病，在发病初期亩用50%可湿性粉剂30～40克，对水喷雾。

（二）氟吗啉

理化性质：原药外观浅黄色固体，微溶于水，溶于甲苯、二甲苯、乙酸乙酯、丙酮等有机溶剂。

毒性：低毒，对皮肤和眼睛无刺激作用。

生物活性：该药为丙烯酰吗啉类杀菌剂，具有高效、低毒、低残留、残效期长、保护及治疗作用兼备、对作物安全等特点。

常用剂型：20%可湿性粉剂，混剂：50%氟吗啉·三乙膦酸铝可湿性粉剂（5%氟吗啉+45%三乙膦酸铝），60%氟吗啉·代森锰锌可湿性粉剂（10%氟吗啉+50%代森锰锌）。

施用方法：防治黄瓜霜霉病，亩用20%可湿性粉剂25～50克，对水喷雾，也可以用60%氟吗啉·代森锰锌可湿性粉剂

80～120 克，对水喷雾。

十二、有机磷类杀菌剂

（一）三乙膦酸铝

其他名称：疫霉灵、疫霜灵、乙膦铝、藻菌磷。

理化性质：无色粉末，溶于水。

毒性：微毒，对蜜蜂无毒。

生物活性：内吸性杀菌剂，在植物体内能上下传导，具有保护和治疗作用。

常用剂型：90%可溶粉剂，80%乳油，80%、40%可湿性粉剂，80%水分散粒剂。

施用方法：防治蔬菜霜霉病，用 90%可溶性粉剂 500～1 000倍液或 80%可湿性粉剂 400～800 倍液、40%可湿性粉剂 200～400 倍液喷雾，间隔 7～10 天喷一次，共喷 3～4 次。防治瓜类白粉病、番茄晚疫病、马铃薯晚疫病、黄瓜疫病等，用 90%可溶性粉剂 500～1 000 倍液喷雾。在黄瓜幼苗期施药，要降低浓度。防治辣椒疫病，主要采取苗床土壤消毒，每平方米用 40%可湿性粉剂 8 克，与细土拌成毒土。取 1/3 的毒土撒施苗床内，播种后用余下的毒土覆盖。防治辣椒苗期猝倒病，发病初期用 40%可湿性粉剂 300 倍液喷雾，隔 7～8 天喷一次，连喷 2～3 次，注意对茎基部及其周围地面都要喷到。

注意事项：勿与酸性、碱性农药混用，以免分解失效。本品易吸潮结块，贮运中应注意密封干燥保存。如遇结块，不影响使用效果。

（二）甲基立枯磷

理化性质：无色结晶，微溶于水，溶于正己烷、甲苯、甲醇。

毒性：微毒，对眼睛和皮肤无刺激性，对鱼有毒。

生物活性：本品是防治土传病害的新型广谱内吸性杀菌剂，

具有保护和治疗作用，其吸附性强，不易流失，持效期较长。

常用剂型：20%乳油，混剂，20%、15%甲枯·福美双悬浮种衣剂（5%甲基立枯磷+10%福美双），26%多·福·立枯磷悬浮种衣剂（8%甲基立枯磷+12%福美双+6%多菌灵）。

施用方法：防治黄瓜、冬瓜、番茄、茄子、辣椒、白菜、甘蓝苗期立枯病，发病初期喷淋20%乳油1 200倍液，每平方米喷2～3千克，隔7～10天喷一次，连续喷2～3次。防治黄瓜、苦瓜、南瓜、豇豆、番茄、芹菜的白绢病，发病初期用20%乳油与40～80倍细土拌匀，撒在病部根茎处，每株撒毒土250～350克。必要时也可用20%乳油1 000倍液灌穴或淋灌，每株灌药液400～500毫升，隔10～15天再施一次。防治瓜类枯萎病，发病初期用20%乳油900倍液灌根，每株灌药液500毫升，间隔10天灌一次，连续2～3次。防治菌核病，定植前亩用20%乳油500毫升，与细土20千克拌匀，撒施于土中。

注意事项：不能与碱性农药混用。

十三、有机胂杀菌剂

（一）福美胂

其他名称：阿苏妙、三福胂。

理化性质：纯品为黄绿色菱柱状结晶，不溶于水，微溶于丙酮、甲醇。

毒性：中等毒，是强致敏及皮肤刺激物。

生物活性：为具铲除作用杀菌剂，残效期长，在果树皮死组织部位渗透力强，是防治苹果、梨树腐烂病、干腐病较好的品种，并对轮纹斑病有一定兼治作用，还可防治苹果树、瓜类、麦类的白粉病。

常用剂型：40%可湿性粉剂，10%涂抹剂，40%悬浮剂。

施用方法：防治瓜类白粉病，可用40%福美胂可湿性粉剂300～400倍液喷雾，隔7～10天喷一次，连喷2～3次。防治豇豆白粉病，亩用40%福美胂可湿性粉剂150～180克，对水40～60千克，喷雾。

注意事项：若用于防治葡萄白粉病，在接近采摘期不能使用。

十四、嘧啶类杀菌剂

（一）氯苯嘧啶醇

其他名称：乐必耕。

理化性质：纯品为米色结晶，微溶于水，溶于二甲苯、甲醇。

毒性：低毒，对皮肤和眼睛有刺激作用。

生物活性：内吸性极强，具有保护和治疗作用。杀菌原理与三唑酮等三唑类杀菌剂相同，干扰病原菌甾醇和麦角甾醇的形成，抑制菌丝生长、发育，使之不能侵染植物组织。

常用剂型：6%可湿性粉剂。

施用方法：登记用于梨树黑星病和苹果树白粉病的防治，也可用于其他植物病害防治。防治瓜类白粉病，自发病初期开始施药，亩用6%可湿性粉剂15～30克，对水常规喷雾，间隔10～15天，连喷3～4次。

（二）嘧菌环胺

理化性质：纯品为浅褐色细粉末，有轻微的气味，具一定弱碱性，微溶于水，溶于乙醇、丙酮、甲苯。

毒性：低毒，对皮肤和眼睛无刺激作用，对鱼有毒。

生物活性：内吸杀菌剂，在植物体内被叶片迅速吸收，30%以上渗透到组织中，被保护的沉淀物被储存在叶片中，在木质部中传输，也在叶片之间传输。其作用机制是抑制蛋氨酸的生物合成，抑制水解酶的分泌。

常用剂型：50%水分粒剂，混剂：嘧菌环胺+丙环唑。

施用方法：防治草莓、辣椒灰霉病，亩用50%水分散粒剂

60～96 克，对水喷雾。防治葡萄灰霉病，用 50%水分粒剂625～1 000 倍液喷雾。

十五、脲类杀菌剂

（一）二氯异氰尿酸钠

其他名称：优氯特、优氯克霉灵。

理化性质：纯品为白色粉末。

毒性：低毒。

生物活性：消毒杀菌能力强，抑制孢子萌发，抑制菌丝生长，能用于防治多种真菌、细菌、病毒引起的病害。

常用剂型：66%烟剂，50%、40%、20%可溶性粉剂，混剂：30%百·二氯异氰可湿性粉剂（10%百菌清+20%二氯异氰尿酸钠）。

施用方法：施药方式可采用浸种、浸根、叶面喷雾等多种方法。防治黄瓜霜霉病、番茄早疫病、茄子灰霉病，于发病初期亩用 20%可溶性粉剂 188～250 克，对水常规喷雾。防治辣椒根腐病，用 20%可溶性粉剂 300～400 倍液灌根，每株灌药 200 毫升。

注意事项：本剂宜单独使用，不宜与其他农药混用，以免降低药效。喷雾宜在傍晚进行。使用前，不得使药受潮或与水接触，要现用现配。勿与有机物、还原剂、铵盐、杀虫剂及其他农药混存、混放。

（二）氯溴异氰尿酸

理化性质：原药外观为白色粉末，易溶于水。

毒性：低毒。

生物活性：其杀菌性能与二氯异氰尿酸、三氯异氰尿酸基本相同，消毒杀菌能力强，能用于防治多种真菌、细菌、病毒引起的病害。

常用剂型：50%可溶性粉剂。

施用方法：防治大白菜软腐病，亩用50%可溶性粉剂50～60克，对水喷雾。防治黄瓜霜霉病、辣椒病毒病，亩用50%可溶性粉剂60～70克，对水喷雾。

十六、其他化学合成杀菌剂

（一）噁霉灵

其他名称：土菌消、抑霉灵、立枯灵。

理化性质：原药外观为无色晶体，溶于水，溶于大多数有机溶剂。

毒性：低毒，对皮肤和眼睛有轻微刺激作用。

生物活性：内吸性杀菌剂，也是一种土壤消毒剂，对土壤中的腐霉菌、镰刀菌有高效。土壤施药后，药剂与土壤中的铁、铝离子结合，抑制病菌孢子萌发，对土壤中病菌以外的细菌、放线菌的影响很小，所以对土壤中微生物的生态不产生影响。

常用剂型：30%、15%、8%水剂，70%、15%可溶性粉剂。

施用方法：常用作种子消毒和土壤处理，与福美双混用效果更好。防治甜菜立枯病，每100千克种子，用70%可溶性粉剂400～700克，加50%福美双可湿性粉剂400～800克，混合后拌种，田间发病初期，用70%可溶性粉剂3 300倍液喷洒或灌根。防治西瓜枯萎病，用30%水剂600～800倍液喷淋苗床或本田灌根。防治黄瓜、番茄、茄子、辣椒猝倒病、立枯病，发病初期喷淋15%水剂1 000倍液，每平方米喷药液2～3千克。防治黄瓜枯萎病，定植时每株浇灌15%水剂1 250倍液200毫升。

注意事项：拌种时，以干拌最安全，湿拌或闷种易产生药害，应严格控制用药量，以防抑制作物生长。

（二）咯菌腈

其他名称：适乐时。

理化性质：原药外观为浅黄色粉末，微溶于水，溶于乙醇、丙酮。

毒性：微毒，对眼睛和皮肤无刺激性，对鱼有毒。

生物活性：为苯基吡咯类杀菌剂，具广谱触杀性，持效期长。其作用机制是抑制分生孢子萌发。用于种子处理，可防治大部分种子带菌及土壤传染的真菌病害，在土壤中稳定，在种子及幼苗根际形成保护区，防止病菌入侵。结构新型，不易与其他杀菌剂发生交互抗性。

常用剂型：50%可湿性粉剂，25克/升悬浮种衣剂，混剂：35克/升咯菌·精甲霜悬浮种衣剂（25克/升咯菌腈+10克/升精甲霜灵）。

施用方法：可用于种子处理，也可用于叶面喷雾，还可用于果实采后保鲜处理。防治根腐病，每100千克种子用25克/升悬浮种衣剂600～800毫升，进行种子包衣处理，为使包衣均匀，可先取600～800毫升悬浮种衣剂，用1～2升清水稀释成药浆，将药浆与种子以1∶50～100的比例充分搅匀，直到药液均匀分布在种子表面，晾干后即可播种。

注意事项：禁止用于水田，以免杀伤水生生物。

十七、抗生素类杀菌剂

（一）武夷菌素

通用名称：核苷类抗生素。

其他名称：农抗BO-10。

生物活性：武夷菌素是含孢苷骨架的核苷类抗生素，其产生菌为不吸水链霉菌武夷变种，本品为广谱性生物杀菌剂，低毒、安全。对多种植物病原真菌具有较强的抑制作用，能抑制菌丝蛋白质的合成，使细胞膜破裂，原生质泄露，对黄瓜、花卉白粉病有明显的防治效果。

常用剂型：1%水剂。

施用方法：防治黄瓜白粉病、灰霉病、番茄灰霉病、辣椒白粉病、茄子白粉病、韭菜灰霉病，发病初期喷1%水剂100～150倍液，7天喷一次，连喷3次。

（二）中生菌素

理化性质：原药为浅黄色粉末，溶于水。

毒性：中等毒。

生物活性：中生菌素为N-糖苷类抗生素，其抗菌谱广，能够抗革兰氏阳性菌，阴性细菌，分枝杆菌，酵母菌及丝状真菌。

常用剂型：3%可湿性粉剂，1%水剂。

施用方法：既对植物真菌病害有效，也对细菌病害有防治作用。防治大白菜软腐病，可用3%可湿性粉剂600～800倍液浸种后播种，在白菜幼苗期再用3%可湿性粉剂600～800倍液灌根处理一次。防治番茄青枯病，可用3%可湿性粉剂600～800倍液喷雾。防治黄瓜细菌性角斑病，采用3%可湿性粉剂83～107克，对水喷雾。

（三）申嗪霉素

其他名称：M18。

理化性质：溶于醇、醚、氯仿、苯，微溶于水。

毒性：微毒，对眼睛无刺激作用。

生物活性：申嗪霉素是荧光假单胞菌株M 18分泌的一种微生物源抗生素，是我国在“十五”期间研究开发的农药成果，对多种植物病原菌都有很强的抑制作用。

常用剂型：1%悬浮剂。

施用方法：对镰刀菌、疫霉菌等土传病原有较好的抑制效果，可用于蔬菜、园艺植物的土传病害防治。可采用灌根、喷雾或者两者结合的方法。防治辣椒疫病，亩用1%悬浮剂50～120毫升，对水喷雾。防治西瓜枯萎病，亩用1%悬浮剂500～1 000倍液灌根。

第四节　杀线虫剂安全使用技术

一、杀线虫剂分类

杀线虫剂是用于防治有害线虫的一类农药。线虫属于线形动物门线虫纲，体形微小，在显微镜下方能观察到。对植物有害的线虫约3 000种，大多生活在土壤中，也有的寄生在植物体内。线虫通过土壤或种子传播，能破坏植物的根系，或侵入地上部分的器官，影响农作物的生长发育，还间接传播由其他微生物引起的病害，造成很大的经济损失。使用药剂防治线虫是现代农业普遍采用的有效方法，一般用于土壤处理或种子处理，杀线虫剂有挥发性和非挥发性两类，前者起熏蒸作用，后者起触杀作用。一般应具有较好的亲脂性和环境稳定性，能在土壤中以液态或气态扩散，从线虫表皮透入起毒杀作用。多数杀线虫剂对人、畜有较高毒性，有些品种对作物有药害，因此在使用杀线虫剂时，应当小心谨慎，严格按照施用方法和操作规程使用，防止中毒事件和作物的药害事件发生。

杀线虫剂包括专性杀线虫剂（即专门防治线虫的农药）和兼性杀线虫剂。后者兼有多种用途，如氯化苦、溴甲烷、滴滴混剂，对地下害虫、病原菌、线虫都有毒杀作用，棉隆能杀线虫、杀虫、杀菌、除草。按化学结构分类，可将杀线虫剂分为六大类：

（一）有机硫类

如二硫化碳、氧硫化碳。

（二）卤化烃类

如氯化苦、溴甲烷、碘甲烷、二氯丙烷、二溴己烷、二溴丙烷、二溴乙烯、二溴氯丙烷、溴氯丙烷。这类杀线虫剂具有较高的蒸气压，多是土壤熏蒸剂，通过药剂在土壤中扩散而直接毒杀线虫。但由于存在对人、畜毒性大、田间用量多、操作要求高等缺点，这类杀线虫剂的发展受到限制，二溴乙烷、二溴氯丙烷等已被禁用。

（三）硫代异硫氰酸甲酯类

如威百亩、棉隆。这类杀线虫剂能释放出硫代异硫氰酸甲酯，即释放出氰化物离子使线虫中毒死亡。

（四）有机磷类

如除线磷、丰索磷、胺线磷、丁线磷、苯线磷、灭线磷、硫线磷、氯唑磷（米乐尔）。这类杀线虫剂发展较快，品种较多。其作用机制是胆碱酯酶受到抑制而中毒死亡，线虫对这类药剂一般较敏感。不少品种有内吸作用，有的则表现为触杀作用，共同特点是杀线虫谱较广，并且在土壤中很少有残留。

（五）氨基甲酸酯类

如涕灭威、克百威、丁硫克百威（好年冬）。其作用机制主要是损害神经活动，减少线虫迁移、浸染和取食植物，从而可减少线虫的繁殖和危害。这类杀线虫剂杀线虫谱较广，但毒性很高，克百威属高毒类农药，涕灭威属剧毒类农药。

（六）其他类

如二氯异丙醚、草肟威、甲醛。

二、推荐药剂

（一）棉隆

其他名称：必速灭（Basamid）。

理化性质：纯品为白色固体，工业品为淡黄色或浅灰色结晶粉末，有轻微的特殊气味，20℃水中溶解度为3 000毫克/升。

毒性：低毒，在试验剂量下对动物无致畸、致癌、致突变作用。对皮肤无刺激作用，对眼睛黏膜有轻微刺激作用。对鱼类毒性中等，对蜜蜂和鸟类无毒。

应用：广谱熏蒸杀线虫剂，属于硫代异硫氰酸甲酯类，在土壤中药剂被分解成毒性较大的异硫氰酸酯发挥作用。适用于防治果树、蔬菜、花生、烟草、茶树、林木等作物线虫，对地下害虫、真菌和杂草亦有防治效果。另外，对棉花黄、枯萎病也有较好防效。

制剂：50%可湿性粉剂，50%、98%颗粒剂。

施用方法：施药前要将地整好，使土壤疏松，撒施或沟施，深度20毫米。该药剂用量较大，沙质土每公顷可用73.5～88.2千克有效成分，黏质土每公顷用88.2～103千克有效成分。施药后立即覆土，加盖塑料薄膜；如土壤较干燥，施用棉隆后要浇水，然后覆上塑料薄膜。该药剂施入土壤后，受温度、湿度及土壤结构影响甚大，为了保证获得良好的药效和避免产生药害，土壤温度应保持在6℃以上，以12～18℃为最适宜，土壤含水量保持在40%以上。土壤的温度要在6℃以上，最好在12～18℃。覆膜天数受气温影响，温度低，覆膜时间就长：6℃为47天，10℃为24天，15℃为15天，20℃为11天，25℃为8天，30℃为6～7天。揭膜后，要翻土透气，土温越低，透气时间越长，以免对作物造成药害，一般透气时间为半个月。

注意事项：施药时应使用口罩、橡皮手套和靴子等安全防护用具，避免皮肤直接接触药剂，一旦沾染皮肤，应立即用肥皂、清水彻底冲洗。应避免吸入药雾。施药后应彻底清洗用过的衣服和器械。此药对植物有杀伤作用，绝不可用于拌种。注意该药剂对鱼有毒，水田和鱼塘附近不可使用或谨慎使用。贮存应密封于原包装中，并存放在阴凉、干燥的地方，不得与食品饲料一起贮存。经药剂处理过的土壤呈无菌状态，所以堆肥一定要在施药前加入。若在假植苗床使用，必须等药剂全部散失再假植，一般需等两星期，假植前翻松土壤2次，使药消失后再假植。

（二）二氯异丙醚（DCIP）

理化性质：无色液体。能与多数油类及有机溶剂混溶，不能与水混溶。

毒性：低毒，原药雄性大鼠急性经口 LD_{50} 为698毫克/千克，急性经皮 LD_{50} 为2 000毫克/千克，急性吸入 LC_{50} 为12.8

毫克/升。对眼睛有中等刺激作用，对皮肤有轻度刺激作用。在试验剂量内对动物无致癌、致畸、致突变作用。对鱼类低毒。

应用：是一种有熏蒸作用的低毒杀线虫剂，由于蒸气压低，气体在土壤中挥发缓慢，因此对植物安全，可以在作物的生育期施用。可有效防治危害烟草、棉花、花生、甘薯、柑橘、桑、茶和蔬菜等作物的线虫，对孢囊线虫、根结线虫、短体线虫、半穿刺线虫、剑线虫和毛刺线虫等均有较好的防治效果。

制剂：8%乳油，30%颗粒剂，95%油剂。

施用方法：播种前处理，在播种前7～20天处理土壤，施药量为每亩用二氯异丙醚80%乳油制剂5～9千克，可在播种沟施药，沟深10～15毫米，施药后覆土，也可在预定的播种沟内散布后覆土。播种后和植物生长期使用：施药量为每亩用二氯异丙醚80%乳油制剂5千克，在植株两侧离根部15毫米处开沟施药，沟深10～15毫米，或在树干周围穴施，穴深15～20毫米，穴距30毫米，施药后覆土。

注意事项：土壤温度低于升0℃不宜使用。使用过程中严防吸入本剂气雾，严禁接近儿童、家畜。避免本剂溅入眼睛和沾染皮肤，作业完毕后充分洗净手、脚及裸露的皮肤和衣服。如误服，应饮大量水并催吐，保持安静，并及时就医。密封保存在远离火源、饲料、食物及避免阳光直射的低温场所。

（三）威百亩

理化性质：本品二水化合物为无色晶体，水中溶解度（20℃）72.2克/100毫升，在醇中有一定的溶解度，在其他有机溶剂中几乎不溶。浓溶液稳定，但稀释后不稳定，土壤、酸和重金属盐促进其分解。对黄铜、铜和锌有腐蚀性。

毒性：低毒。原药雄性大鼠急性经口 LD_{50} 为820毫克/千克，家兔急性经皮 LD_{50} 为800毫克/千克，家兔急性经皮 LD_{50} 为800毫克/千克。对眼睛及黏膜有刺激作用，对鱼有毒，对蜜蜂无毒。

应用：该药剂为具有熏蒸作用的二硫代氨基甲酸酯类杀线虫

剂。在土壤中降解成异氰甲酸酯发挥熏蒸作用，还有杀菌及除草功能。适用于黄瓜、花生、棉花、大豆、马铃薯等作物线虫的防治。用于播种前土壤处理，对黄瓜根结线虫、花生根结线虫、烟草线虫、棉花黄萎病、根病、苹果紫纹羽病、橡胶根部寄生菌、十字花科蔬菜根肿病等均有效；对马唐、看麦娘、马齿苋、豚草、狗牙根、石茅、莎草等杂草也有很好的效果。

制剂：30%、33%、35%、48%水剂。

施用方法：

1. 施药前准备工作：①清园。清除田间作物植株及残体（包括杂草等根茎叶）。②补水。根据土壤墒情，适当浇水使土壤湿度达到65%～75%。③施肥。为避免有机肥带有病菌，有机肥等需要在施药前均匀施到田间。“活体”菌肥应在施药后使用。④翻耕。施药前耕松土壤。

2. 施药方式：①沟施。在翻耕后的田地上开沟，沟深15～20毫米，沟距20～25毫米，制剂按亩用药量适量对水（一般80倍左右，现用现兑），均匀施到沟内，施药后立即覆土、覆盖塑料薄膜，防止药气挥发。②注射施药。使用注射器械在田间均匀施药（根据器械情况和土壤湿度适量对水），间距20～25毫米×20～25毫米，施药后封闭穴孔，覆盖塑料薄膜，防止药气挥发。③滴灌施药。滴灌施药需适量加大用药量及水量，以期达到施药要求。

3. 散气：施药后密闭熏蒸时间随气温变化，地温10℃以上时使用效果良好，地温低时熏蒸时间需延长。气温在20～25℃密闭15天以上，气温在25～30℃密闭10天以上。撤去薄膜后当日或隔日深翻田土，使土壤疏松，散气10～14天。检测散气效果可做白菜种子发芽试验，观察白菜出苗及根的健康情况判断毒气散尽与否。确定药气散净后即可播种或移栽。

注意事项：一般选择早4～9时或午后16～20时，避开中午高温时间，防止药气过多挥发及保证施药人员安全。该药在稀释溶液中易分解，使用时要现用现配。该药剂能与金属盐起反应，配制药液时避免使用金属器具。施药后如发现覆盖薄膜有漏气或孔洞，应及时封堵，为保证药效可重新施药。该药对眼睛及黏膜有刺激作用，施药时应佩戴防护用具。本品不可直接施用于作物表面，土壤处理每季最多施药一次。本品应于0℃以上存放，温度低于0℃易析出结晶，使用前如发现结晶，可置于温暖处升温并摇晃至全溶即可，不影响使用效果；本剂使用时需要现配现用，稀释液不可长期留存；本剂不能与波尔多液、石硫合剂等混用。远离水产养殖区、河塘等水域施药，禁止在河塘等水域中清洗施药器具。

(四) 氯唑磷

理化性质：纯品为黄色液体。20℃水中溶解度为168毫克/升。溶于苯、氯仿、己烷和甲醇。20℃时水解半衰期：pH5时为85天，pH7时为48天，pH9时为19天。在200℃时分解。

毒性：高毒。大白鼠急性经口LD_{50}为40～60毫克原药/千克，雄大白鼠急性经皮LD_{50}>3 100（雄），118（雌）。对兔皮肤有中等刺激作用，对眼睛有很轻的刺激作用，对鱼、鸟和蜜蜂有毒。

应用：有机磷类具有触杀和内吸作用的杀线虫剂。药剂从根部进入植物体，在植物体内上下传导并能很好地分布在土壤中，借助雨水和灌溉水进入作物根层。作物有良好的耐药性，不会产生药害。用于玉米、棉花、水稻、甜菜、草皮和蔬菜上，除线虫外，还可防治长春象、南瓜十二星叶甲、日本丽金龟、种绳等害虫。

制剂：3%颗粒剂。

施用方法：每亩用3%颗粒剂4 500～6 500克，播种时沟旁带状施药，与土混匀后覆土。

注意事项：不能在烟草和马铃薯地施用，以防出现药害。该药半衰期在土壤中为1～3个月，在作物上1～2天。应存放在远离食品及儿童接触不到的地方。对鱼、鸟类有毒，应避免污染河流和水塘。发生中毒应立即用盐水或芥末水引吐并给病人喝牛奶和水，有效解毒剂是阿托品和解磷定。

（五）厚孢轮枝菌

理化性质：原粉为淡黄色粉末。

毒性：低毒。对雌、雄大鼠急性经口 LD_{50}＞5 000 毫克/千克，对皮肤和眼睛无刺激性，弱致敏性，无致病性。

应用：该药为新型杀线虫生物农药，以活体微生物孢子为主要有效成分，是经发酵而生成的分生孢子和菌丝体。厚孢轮枝菌是一些植物寄生线虫的重要天敌，能够寄生卵，侵染幼虫和雌虫，可明显减轻多种作物根结线虫、胞囊线虫、茎线虫等植物线虫病危害。厚孢轮枝菌菌剂为新型纯微生物活孢子制剂，具有高效、广谱、长效、安全、无污染、无残留、无抗性等特点，是一种高效、安全的绿色环保型农药。推荐剂量下对作物无不良影响或引起药害，对作物安全。

制剂：粉粒剂，每克含 2.5 亿个厚孢轮枝菌孢子。

施用方法：防治蔬菜及其他作物防治根结线虫、胞囊线虫，育苗期亩用 0.5 千克，与营养土混匀，处理苗床或拌种；移栽期亩用 1～1.5 千克，与农家肥混匀施入穴中；定植期或追肥期亩用 1.5～2 千克，与少量腐熟农家肥混匀施于作物根部，也可拌土单独施于作物根部。

注意事项：避光防潮保存；不能与其他杀菌剂混合使用；需现拌现用，适宜于处理作物根部。

第五节 植物生长调节剂安全使用技术

植物生长调节剂又叫植物激素，是在植物体内合成产生、对植物生长发育有调节功能的化学物质。在设施蔬菜生产上，正确使用植物生长调节剂可促进蔬菜生长，提高产量和品质；但倘若使用不当，会起到相反作用，引起经济损失。因此，在设施蔬菜生产中应用植物生长调节剂必须明确目的，选择适宜药剂，并采取正确的施用方法。本节介绍几种生产上主要植物生长调节剂的作用、制剂及在蔬菜上的使用方法。

一、种类及使用方法

（一）赤霉酸

作用：促进细胞、茎伸长，叶片扩大，加速生长和发育，使之早熟，增加产量和改进品质；影响开花时间，改变雌性比例，减少落花、落果，促进坐果和果实生长；打破种子、块茎、鳞茎等器官休眠，促进发芽。

制剂：85%、75%原粉，40%、20%、10%、3%、0.2%可溶粉剂，40%、20%、16%、10%可溶片剂，40%可溶粒剂，4%乳油，4%水剂，2.7%膏剂等。

应用：详见表1。

表1

作物	施药时期	10%可溶剂对水倍数	施药方法	效果
茎叶类菜	生长时期	4 000～8 000	3～5天喷一次，共喷1～3次	促进嫩茎、叶生长，增产
黄瓜	1叶期	1 000～2 000	喷叶	诱导雌花生成
	开花期	1 000～2 000	喷花	促坐果
	采前	1 000～2 000	喷瓜	延长储藏期
番茄、茄子	盛花期	2 000～4 000	喷茎叶	促坐果，防空洞果
豌豆	播前	2 000	浸种24小时	促发芽
扁豆	播前	8 000	拌种	促发芽
莴笋	播前	1 000	浸种2～4小时	促发芽
蒜薹	收获后	2 000	浸泡10～30分钟	延长储藏期
马铃薯	播前	10～20万（0.5～1毫克/升）	浸上半年收的薯块10分钟	出苗快而齐
油菜	盛花期	亩用55毫升	喷花序	提高结实率

(二) 萘乙酸

作用：促进细胞伸长，促进生根；低浓度可用于防止落花、落果和落叶，高浓度可用于疏花、疏果；可诱导单性结实，形成无籽果实；诱发枝条不定根的形成，促进扦插生根，提高成活率；并有提高植物康逆性如抗旱、抗涝、抗盐碱的能力。

制剂：95%原药，0.1%、1%、5%水剂，20%、40%可溶粉剂，2.5%微乳剂等。

应用：详见表2。

表2

作物	施药时期	5%水剂对水倍数	施药方法	效果
甜菜	播前	10 000～20 000	浸种12小时	促进出苗，提高抗寒能力
黄瓜	约3片真叶期	5 000	喷雾	增加早花数量
番茄	播前 开花期	2 500 4 000～5 000	浸种12小时，捞出清洗 喷蕾	促进生长 增加雌花数和坐果
辣（甜）椒	开花期	1 000	喷花，7～10天喷一次	减少落花，提高坐果率，增加前期产量和总产量
南瓜	开花期	2 500～5 000	涂子房	防止幼瓜脱落，促瓜生长
白菜	播前包心期或采前15天	2 500 250	浸种12小时，捞出清洗1～2遍 喷全株	促进生长 防止储存器脱帮
菜豆	盛花期	5 000	喷全株	防落荚，延长荚果保鲜期

(三) 复硝酚钠

作用：促进植物细胞原生质流动，对植物发根、生长、开花结实等都有不同程度的促进作用；促进花粉管伸长，帮助授粉结实；打破种子休眠，促进发芽；促进生长发育，提早开花；防止落花、落果，改良产品质量等方面。

制剂：98%原药，0.7%、1.4%、1.8%、5%水剂等。

应用：多数菜籽用1.8%水剂6 000倍液浸8～24小时，阴干播种。大豆浸3小时左右。番茄、茄子、黄瓜等在生长期、花蕾期用6 000倍液喷雾，10天喷一次，共3～4次。叶类菜在生长期用5 000～6 000倍液喷2～3次。结球类叶菜应在结球前1个月停止用药，否则会推迟结球。

（四）对氯苯氧乙酸钠

作用：抑制脱落酸形成，减少落花、落果，促进坐果，诱导单性结实等。应用范围和2，4-D基本相同，但比其安全，不易产生药害。

制剂：95%原药，10%可溶粉剂，0.11%水剂等。

应用：详见表3。

表3

作物	施药时期	10%可溶剂对水倍数	施药方法	效　果
番茄	花期	3 500～5 000（15～20℃） 5 000～10 000（20～30℃）	浸花	防止落果
茄子	花期	3 000～4 000	浸花	提高坐果率
辣（甜）椒	花期	3 000～4 000	浸花	防止落花，促进果实生长
黄瓜、南瓜	花期	4 000～5 000	涂雌花柱头	防止化瓜
大白菜	收获前	2 300	喷叶片	防止储存期脱帮
菜豆	生长期	25 000～50 000	喷全株	促坐果，增加豆荚数和荚重

（五）乙烯利

作用：促进果实、籽粒成熟，促进叶、花、果脱落；诱导花芽分化、打破休眠、促进发芽、抑制开花、矮化植株及促进不定根生成等作用。

制剂：40%可溶粉剂，10%可溶粉剂等。

应用：详见表4。

表4

作物	施药时期	40%水剂对水倍数	施药方法	效果
番茄	果实进入转色期后一次性采收的番茄，大部分果实转红采收的果实	140～200 400～800 400～800	涂果喷全株，重点喷青果浸1分钟，存于20～25℃	果实变红，提早6～8天成熟3d后青果转红
红辣椒	1/3果实转红时	1 000～2 000或400～500	喷全株浸果1分钟	4～6后果实转红
黄瓜、南瓜、瓠瓜	幼苗3～4叶期	2 000～4 000	喷苗	增加雌花数

（六）芸薹素内酯

作用：其生理作用表现有生长素、赤霉素及细胞激动素的特点。

制剂：0.01%乳油，0.04%、0.01%、0.007 5%水剂，0.1%可溶粉剂。

应用：详见表5。

表5

作物	施药时期	0.01%水剂对水倍数	施药方法	效果
番茄	花期-果实膨大期	1 000	喷叶片	增产，提高抗低温能力
黄瓜	苗期	10 000	喷茎叶	提高幼苗抗夜间7～10℃低温的能力
叶菜	幼苗和生长期	5 000～10 000	喷茎叶（2～3次）	促进生长，调高产量

（七）甲哌鎓

作用：抑制植物体内赤霉素的生物合成和作用，控制营养生长，降低植株高度，使节间缩短、粗壮，株型紧凑，增加抗逆性。

制剂：98%、96%、12.5%、10%可溶粉剂，25%水剂。

应用：详见表6。

表6

作物	施药时期	25%水剂对水倍数	施药方法	效果
番茄	移栽前6～7天和初花期	2 500	喷叶片	促进早开花，多结果、早熟
黄瓜、西瓜	初花期、结瓜期	2 500	喷茎叶	早开花、多结瓜、早熟
大蒜、洋葱	收获前	1 670～2 500	喷茎叶（2～3次）	推迟鳞茎抽芽、延长储存期

（八）矮壮素

作用：防止植株徒长，促进生殖生长，使节间变短，株型紧凑，抗倒伏，提高产量及抗逆能力。

制剂：80%可溶粉剂，50%水剂。

应用：详见表7。

表7

作物	施药时期	50%水剂对水倍数	施药方法	效果
番茄	3片真叶 开花前	2 000～5 000 500～1 000	喷叶片	植株紧凑，提早开花提高坐果率，增产
辣椒	花期	500～1 000	喷茎叶	植株健壮，提早结果
瓜类蔬菜	幼苗期	1 000～2 000	浇灌根部	控制瓜蔓徒长，减少化瓜
黄瓜	14～15片真叶	5 000～10 000	喷茎叶	提高坐瓜率，增产

（九）多效唑

作用：为光谱的植物生长延缓剂，抑制赤霉酸和吲哚乙酸生物合成，延缓植物细胞分裂和伸长，使节间缩短，茎秆粗壮，植株矮化紧凑，促进侧芽（分蘖）滋生，促进花芽形成，保花、保果。

制剂：15%、10%可湿性粉剂，25%悬浮剂。生长厂较多。

应用：详见表8。

表8

作物	施药时期	15%可湿粉剂对水倍数	施药方法	效　果
油菜	3叶期	750～1 500	喷茎叶	秧苗矮壮，提高移栽成苗率
大豆	播种前 初花期	750 750～1 500	浸种 喷茎叶	提高出苗率 防治疯长
花生	花期	1 000～1 500	喷茎叶	抑制旺长，促进结荚，提高产量

（十）氯吡脲

作用：促进细胞分裂，增加细胞数量，增大籽实，改善品质。

制剂：97%原药，0.1%可溶液。

应用：详见表9。

表9

作物	施药时期	0.1%制剂对水倍数	施药方法	效　果
黄瓜	开花前1天	20	涂瓜柄	提高坐果率，增单瓜重量
甜瓜	幼瓜期	100	涂幼瓜	提高坐瓜率，增甜
洋葱	鳞茎生长期	50	喷茎叶	延长叶片功能，增产

二、注意事项

在蔬菜上使用植物生长调节剂时，为避免发生药害。应注意以下事项。

（一）应用范围

防落素可安全有效应用于茄科蔬菜蘸花，但如果喷施在黄瓜、青椒、菜豆上，就会使幼嫩组织和叶片产生严重药害。在粮食作物上应用的云大－120，如果用在早春的小拱棚茄子上，会造成茄子疯长，结小僵果。因此，在使用植物生长调节剂时，要严格按照说明书使用，不能随意扩大应用范围。

（二）应用时期和浓度

每种植物生长调节剂对浓度要求十分严格，应用浓度因蔬菜品种、生育状况不同而各异。如40％乙烯利在黄瓜上使用时，应在黄瓜2～4片真叶期喷施，使用浓度2 000～4 000倍液；如果黄瓜苗龄大，应用浓度过高，容易产生药害。茄子、番茄用防落素正常浓度蘸花时，如果应用时不做标记，反复多次重复蘸，相当于应用浓度过大，同样也会产生药害。

（三）使用方法

用调节剂蘸花，并不是把整个花朵浸在调节剂药液中，而是用调节剂药液涂抹花柄。如果不注意使用方法，把花朵浸在药液中，就容易产生药害。

（四）环境温度

施用植物生长调节剂应在一定温度范围内进行，应用浓度还要随着温度的变化做相应的调整。高温时应用低剂量，低温时应用高剂量。否则，高温时用高剂量，易出现药害；低温时用低剂量，又达不到使用效果。

（五）应用时间

使用植物生长调节剂的时期至关重要。在非适宜的时期内使用植物生长调节剂不但不能收到应有的效果，且易产生药害。花蕾保可安全有效应用在黄瓜上，使用时间应在黄瓜生长中期；如果在黄瓜定植缓苗期，喷施花蕾保，就会造成黄瓜药害。

（六）正确诊断

如早春时因地温低，蹲苗时间长，植株根系活动弱，黄瓜、番茄、辣椒易产生严重的花打顶和沤根现象。此时，为了刺激植物生长，若盲目大量喷施爱多收、云大－120、花蕾保、芸薹素等保花保果植物生长调节剂，就会加重花打顶、沤根生理障碍。

参 考 文 献

陈琪．2011. 浅谈设施园艺的发展与对策．现代园艺，11：15.
程伯瑛．2009. 菜园农药手册．北京：中国农业出版社．
方站民，李健恒．2007. 土壤处理常用的方法．现代农业，11：25.
高峰，石景．2011. 食用农产品农药残留的原因及其对策研究．宁夏农林科技，52（8）：81－82，101.
回英倩．2011. 无公害蔬菜用药“三大纪律”．吉林农业，15：74.
李建平．2011. 农药残留问题及应对措施．农业技术与装备，22：54－55.
农业部新闻办公室．2012－05－17. 农产品中的农药残留及安全问题．
2011. 农药混配方法及注意事项．山西果树，3：35.
2011. 什么是无公害蔬菜．定西科技，2：49.
谭康．2011. 加强食品安全意识，正确认识农药残留．知识经济，8：113.
屠豫钦．2011. 农药使用技术手册．北京：金盾出版社．
温雅君，闫建茹．2011. 蔬菜农药残留的危害性及超标原因分析．中国园艺文摘，11：153－154.
吴志祥．2012. 当前无公害蔬菜生产存在的问题和对策．河南农业，1：47.
向子钧．2011. 常用新农药实用手册．武汉：武汉大学出版社．
鄢勇刚，曾斌泉，徐旭涛．2011. 发展优质高产高效无公害蔬菜的关键措施．中国果菜，9：33.
殷长本，闫存权．2011. 设施蔬菜病虫害防治措施．中国园艺文摘，9：172－173.
虞秩俊，施德．2008. 农药应用大全．北京：中国农业出版社．
张德咏．2011. 无公害蔬菜生产病虫害防治的问题及对策．湖南农业科学，14：5－7.
http：//www. farmers. org. cn/Article/showArticle. asp? ArticleID ＝ 143362，中国农业推广网．

图书在版编目（CIP）数据

设施蔬菜安全用药/肖留斌等编著．—北京：中国农业出版社，2013.5（2014.8 重印）
（谁种谁赚钱·设施蔬菜技术丛书/常有宏，余文贵，陈新主编）
ISBN 978-7-109-17673-7

Ⅰ.①设…　Ⅱ.①肖…　Ⅲ.①蔬菜—设施农业—农药施用　Ⅳ.①S436.3

中国版本图书馆 CIP 数据核字（2013）第 038219 号

中国农业出版社出版
（北京市朝阳区农展馆北路 2 号）
（邮政编码 100125）
责任编辑　杨天桥

中国农业出版社印刷厂印刷　　新华书店北京发行所发行
2013 年 5 月第 1 版　　2014 年 8 月北京第 2 次印刷

开本：850mm×1168mm 1/32　　印张：4.75　　插页：4
字数：123 千字　　印数：4 001～7 000 册
定价：20.00 元

一、霜霉病

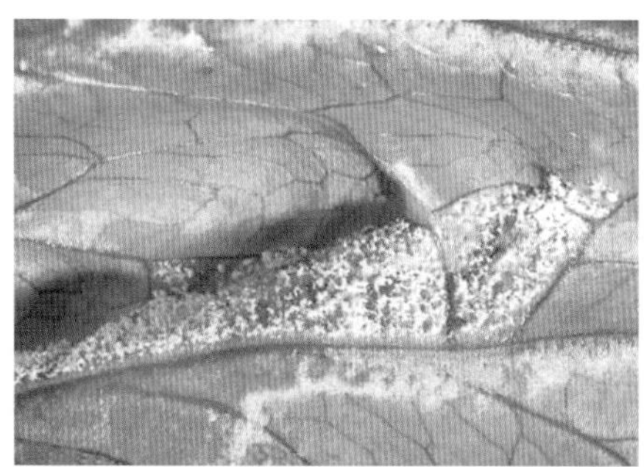

二、灰霉病

三、白粉病

四、枯萎病

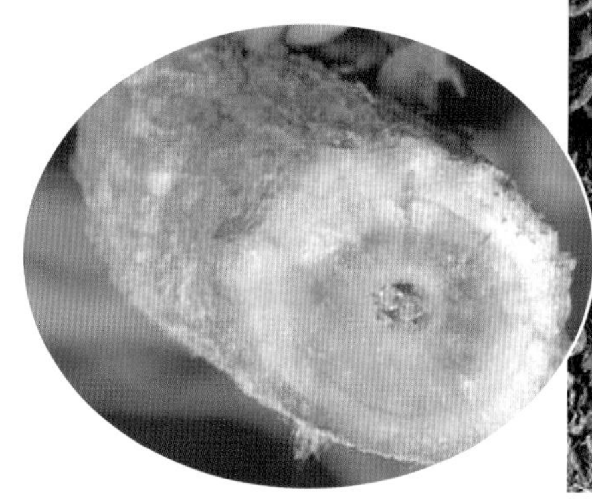

五、猝倒病

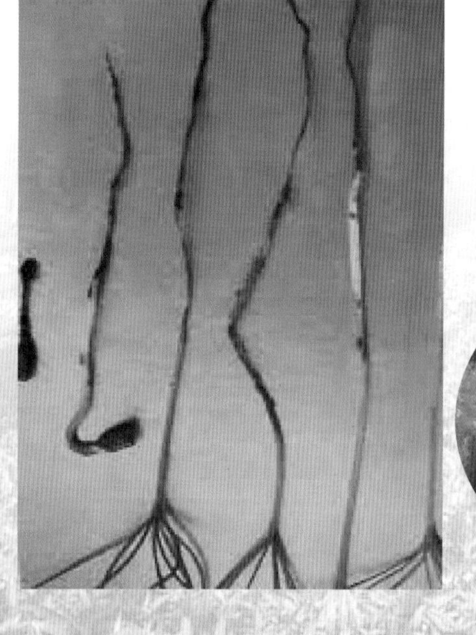

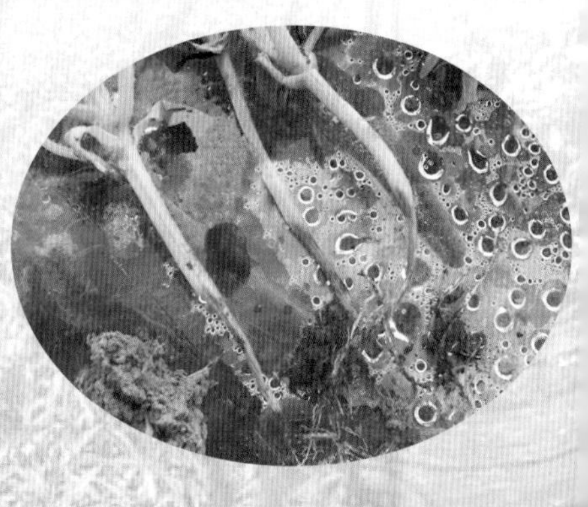

六、病毒病

七、黄萎病

八、菌核病

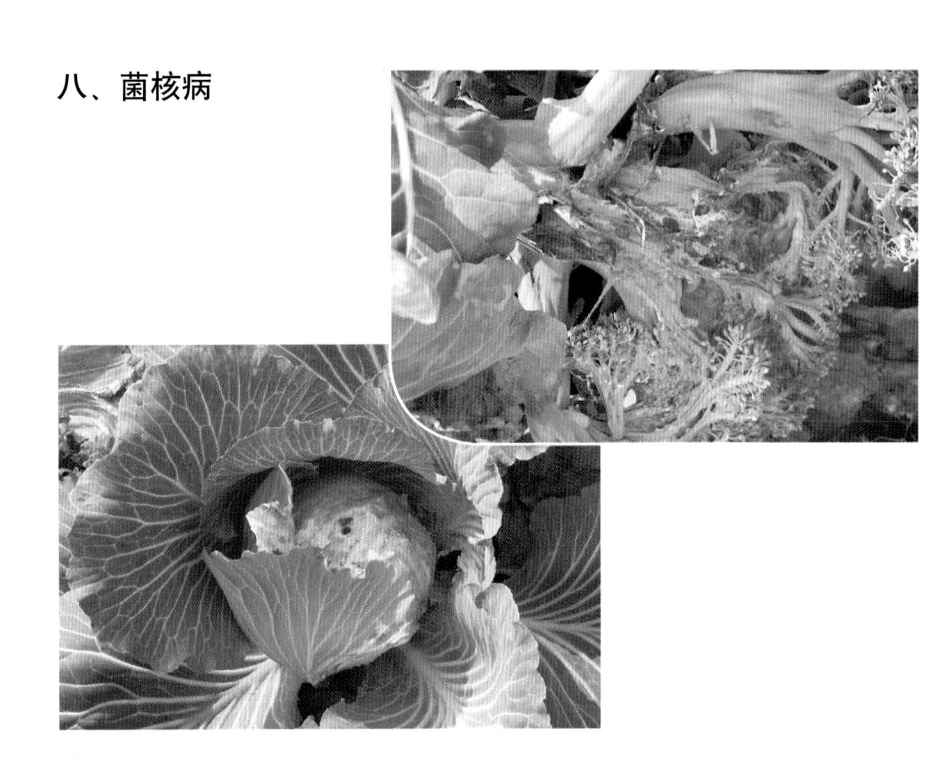

九、青枯病

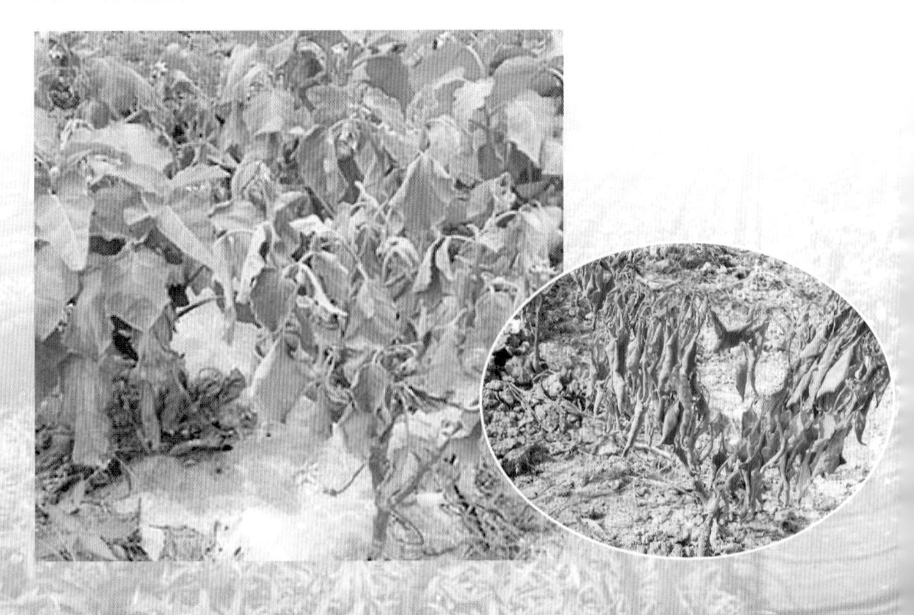

十、软腐病

十一、早疫病

十二、根结线虫病

十三、斜纹夜蛾成虫

十四、斜纹夜蛾幼虫

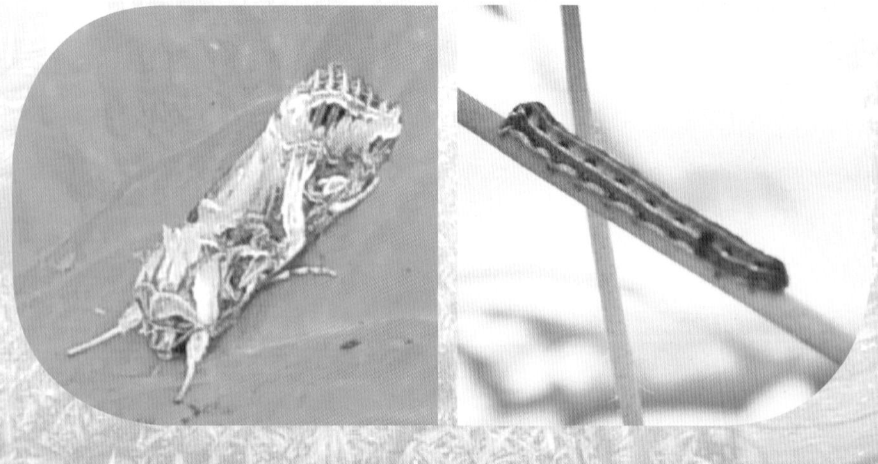

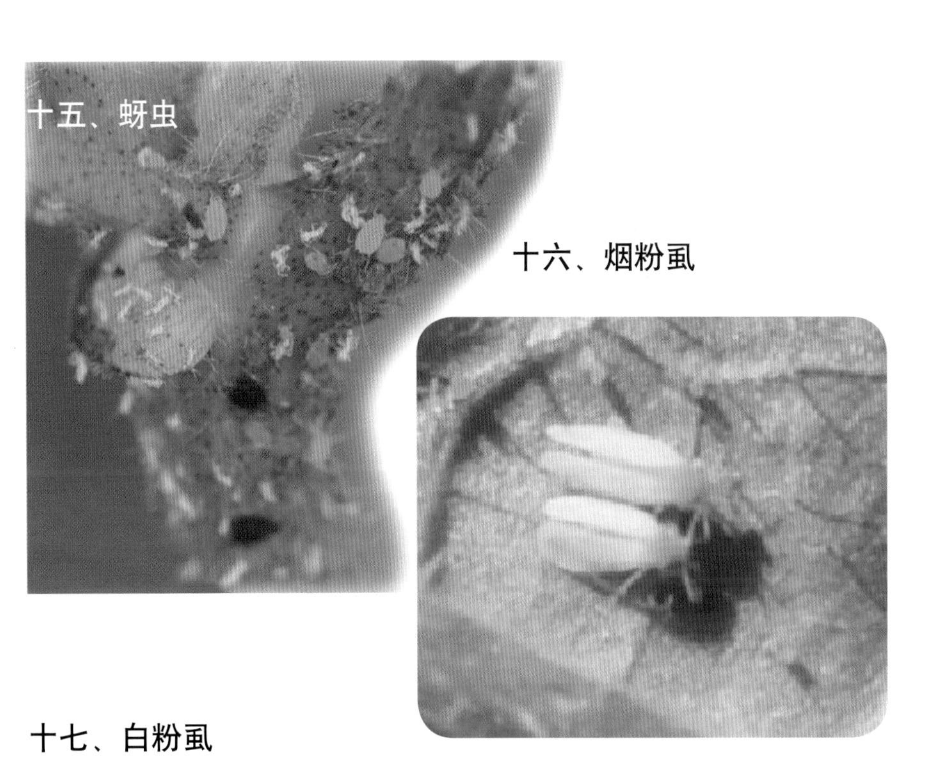

十五、蚜虫

十六、烟粉虱

十七、白粉虱

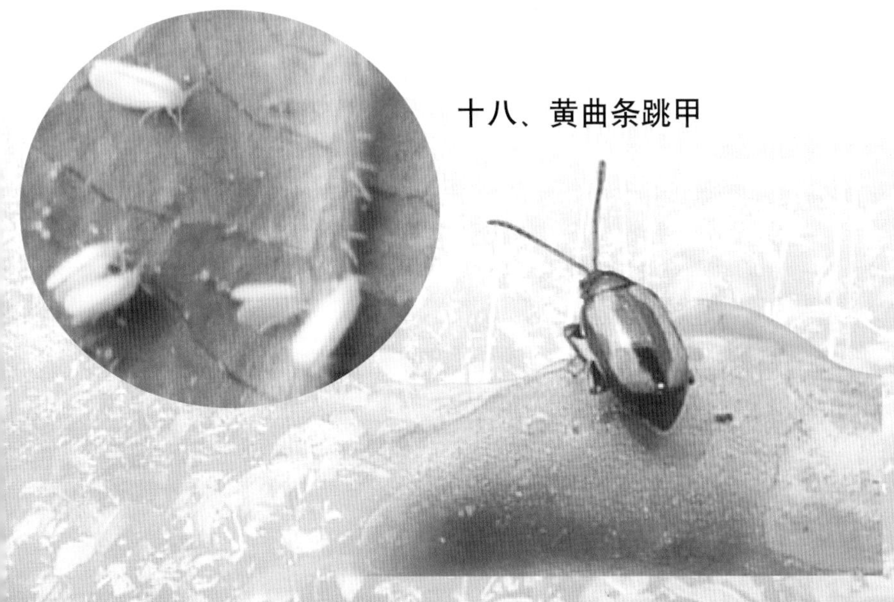

十八、黄曲条跳甲

十九、斑潜蝇危害状（郑建秋提供）

二十、花蓟马（郑建秋提供）

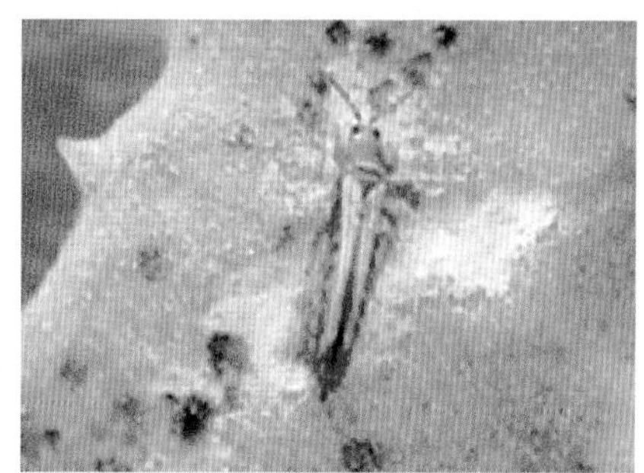

二十一、菜粉蝶成虫

二十二、甜菜夜蛾幼虫

二十三、小菜蛾幼虫